跟着医生爸爸学育儿

全彩图解

从便便看健康
皮肤红疹照顾

全新修订

维生素、矿物质添加
安全冲奶、疫苗接种

照着养，爸妈不紧张，宝宝超健康

台大医院北护分院小儿科医师
汤国廷 ◎著

台大资深儿科名医全解析
0至1岁育儿问答200题

- 宝宝黄疸需要停喂母乳吗?
- 如何矫正宝宝日夜颠倒的睡眠习惯?
- 宝宝偶尔咳嗽需要看医生吗?
- 宝宝长牙晚就是缺钙吗?
- 自费疫苗该如何选择?

陕西新华出版传媒集团
陕西科学技术出版社
Shaanxi Science And Technology Press

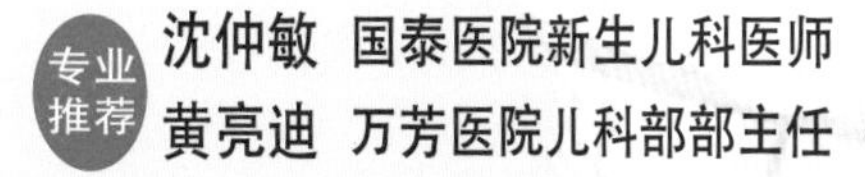

著作权合同登记号：25-2019-135

图书在版编目（CIP）数据

跟着医生爸爸学育儿：照着养，爸妈不紧张，宝宝超健康 / 汤国廷著. —西安：陕西科学技术出版社，2019.6（2020.1 重印）

ISBN 978-7-5369-7530-9

Ⅰ. ①跟… Ⅱ. ①汤… Ⅲ. ①婴幼儿—哺育 Ⅳ. ① TS976.31

中国版本图书馆 CIP 数据核字（2019）第 079863 号

跟着医生爸爸学育儿：照着养，爸妈不紧张，宝宝超健康

（汤国廷　著）

责任编辑　高曼　孙雨来

封面设计　前程设计

出 版 者　陕西新华出版传媒集团　陕西科学技术出版社
西安市曲江新区登高路 1388 号　陕西新华出版传媒产业大厦 B 座
电话（029）81205187　传真（029）81205155　邮编 710061
http://www.snstp.com

发 行 者　陕西新华出版传媒集团　陕西科学技术出版社
电话（029）81205180　81206809

项目合作　锐拓传媒 copyright@rightol.com

印　　刷　陕西思维印务有限公司

规　　格　889mm × 1194mm　24 开

印　　张　8

字　　数　180 千字

版　　次　2019 年 6 月第 1 版　2020 年 1 月第 3 次印刷

印　　数　2501 ～ 4500

书　　号　ISBN 978-7-5369-7530-9

定　　价　49.00 元

儿科医生在我家，减轻父母的紧张

文 / 沈仲敏　国泰医院新生儿科主治医师

岁月匆匆，要提笔写序，才发现认识国廷已经二十余年了。

由于是大学同学，我们共度了一段青涩时光，印象中，他总是文质彬彬、温文有礼、笑容可掬。后来国廷选择小儿科，更觉得理所当然，一位儿科医生需具备的特质：细心、热心、爱心与耐心，都可以在他的身上发现。

一直以来都知道国廷在工作表现上非常杰出，也受到病人及家属的爱戴，有很好的评价；但是知道国廷要出书倒是令我惊讶，因为这可是要花很多时间和精力的差事啊！直到我细细读了国廷的书才了解其用心，更深深感到佩服，原来是为了“解救苍生”啊！

现代人生得少，育儿的经验较不足，尤其是新手父母，常常会为了一点很小的问题深感挫折；也许抱头痛哭，也许大吵一架，在迎接新生命的喜悦之后，接踵而来的却是无尽的折磨。

身为儿科医生及母亲的我也很能感同身受，经常也想把门诊常遇到的问题集结起来和新手父母分享，减少其育儿压力，但是却一拖再拖，始终是纸上谈兵，直到看到了国廷的书才大大松了一口气并且感到振奋。因为终于有儿科医生做了这件事，并且做得太好了，他把育儿常识、心智发展及疾病须知都介绍得很清楚，同时也厘清了很多观念，可以作为新手父母的育儿手册。

其实很多婴幼儿常有的状况并不是疾病，而是一些生理现象，却因此引起家长的恐慌。虽然网络信息发达，但是家长有时容易断章取义或是不知如何选择正确的讯息，反而造成了误解而害怕。

有了这本书，真是读者的福音。相信读过这本书的新手父母不但对育儿会较有把握，也可以把它当成工具书，针对遇到的问题进行查询；它就好像家中有一位儿科医生，可以随时咨询，大大减轻了父母育儿的紧张。身为儿科医生，我非常推荐这本书，相信可以对新手父母带来帮助！

▶ 推荐序 2

值得信赖的专业宝宝照顾全书

文 / 黄亮迪 万芳医院小儿部部主任

在儿科门诊的候诊室里，总是有一群忧心忡忡的家长，带着不到几个月的新生宝宝，焦急地在诊间外等候。这些宝宝就诊的真正问题，大多是新手父母亲想要询问宝宝身上一些无法理解的发现，包括：皮肤疹、睡姿、呼吸声音、婴儿喂食、胀气、打嗝、哭闹不安等，有的甚或只是带来给医生“检查一下”确认状况而已。

这些不到六个月大的宝宝，在门诊嘈杂的环境下，大多显得不安，可是父母亲又想把问题一次性问个够，常常弄得大家不知所措。推究其原因，这些状况不是什么大问题，经就诊后虽得到解答，但却是大费周章。

“第一个宝宝是照书养”——此书道尽了新手父母亲的心声。因为有太多的“不知道”，导致新手父母亲照顾宝宝时变得焦虑。市场上销售的育儿相关书籍虽然多，但家长仍想找信赖的医生求证。

汤医生愿意付出心血、累积门诊相关的卫教知识及经验，编辑成册，内容涵盖所有新生宝宝常见的问题，深入浅出，不仅替代了医生门诊费心的卫教，同时也解除了家长的困惑，不啻为新手父母亲的育儿宝典。

我与汤医生认识多年，他一直是个温文儒雅、谦恭有礼的好医生，对待病人，他都能视病犹亲，全心全意帮助病患解决病痛；在医疗工作上，他也是一位可以互相协助的好伙伴。欣闻汤医生要出书，而且内容如此详尽，足为新手父母亲带来丰富的育儿知识，在此郑重推荐。

▶ 推荐序 3

正确、充足的育儿知识，轻松面对宝宝！

文 / 曾玉佩妈妈

一知道汤医生要出书的好消息，心里第一个想法是："家中有幼儿的爸妈们有福了！"还记得第一次见到汤医生是在儿童门诊。因为大女儿已经咳嗽近一个月，咳得非常厉害，甚至在夜里一咳就是三十分钟，咳不停甚至咳到无法入睡。在住家附近的诊所就医，吃了近一个月的药，不但情况没有改善，反而更加严重了。

当时心里真的很担忧，不知怎么处理。后来在好朋友的推荐之下，才到了汤医生的儿童门诊就医，经由汤医生细心的诊断和 X 光检验，我们才知道原来她不是一般的感冒，而是肺部受到霉浆菌感染，才会咳得如此严重。庆幸能及时来到汤医生的门诊治疗，我的宝贝大女儿很快地就痊愈了！"万幸没有感染引发肺炎呢！"

以前我对医生的印象总是冷冷酷酷的、高高在上的，没什么亲和力……

有时想多问些问题，心里还会怕怕的，怕医生给脸色看！自从遇到汤医生后，才彻底颠覆了我对医生的刻板印象。他在医学上的专业与专精让我们很信任及敬佩。他对每个小小病患及家长们都充满爱心、细心、耐心、关心……不曾改变过。真的是一位非常难能可贵的好医生。

回想起第一次当妈妈时，虽然洋溢满腔浓浓的喜悦，但由于没有育儿经验，也没有做好育儿的功课，对于宝宝的各种奇奇怪怪的疑难杂症真的让我头痛不已。对于迎接宝宝参与我们的新生活，一则喜、一则忧的矛盾心情，现在还记忆犹新！

看到这本书的书稿，真是道尽我当时的心情。天生就是“紧张大师”的我，面对育儿的所有问题，顿时都成了最大的难题！心里只有一个想法：“小孩好难带哦！为什么这么爱哭，肚子饿也哭，喝完奶也哭，到底该怎么照顾才是正确的？”

现在的新手爸爸妈妈们有福了，从母乳哺育到宝宝的睡眠、健康、生活照顾……在这本书里都有详尽的问题解析，让爸爸妈妈在照顾宝宝时，能从容不慌乱。有正确且充足的育儿知识，与宝贝相处的时光能更轻松面对，享受其中！ 这是一本值得珍藏与最完善的0～1岁育儿指导图书。

让妈妈安心、放心的图文育儿工具书

文 / 姜庭甄妈妈

当个新手妈妈真的很不容易，记得生产完刚从医院接回小宝贝时，小从喂母乳，大至半夜哭闹、夜奶不断等，都让我伤透脑筋，宝宝吃得够不够？大小餐不定是生病吗？为什么白天睡得像天使，晚上却哭得像恶魔？

新生儿的种种问题常让我束手无策，而在这本书里，我找到了解答。汤医生在书中统整了养育 0 ～ 1 岁宝宝最常见的问题，几乎让我育儿生活里所产生的疑问，都在这本书里找到了答案，书中有一段话说，“不要跟孩子‘毫升计较’”， 真的说到了妈妈的心坎里，相信你也会有这种体悟。

在母乳衔接辅食的过程里，我也曾经当过偏执的妈妈，希望宝宝吃得好、吃得健康及吃得安全，种种的坚持，让我一度精疲力尽地想放弃。

所幸，看完这本书后，让我及时地找回了正确的观念：让孩子自己选择“量”，而当父母的我们，只需准备适合进餐的好环境及好食物，至于吃多、吃少，就留给孩子自己决定吧！不要给自己及孩子过多的压力，放宽心地喂养，孩子自然而然就会长大。

针对如何在家观察孩子是否是生病或正常的情形，汤医生在书中也贴心地提供了充分的图片来让妈妈比对及了解，让我安心不少。此外，宝宝小至身上莫名的红疹、宝宝该打的疫苗、生病时大致照顾方法及用药安全知识等，书中都有详细的陈述，相信可让你少跑很多趟医院。

这本书融会了汤医生的育儿精华，真的是一本值得推荐的育儿工具好书，希望你会像我一样受用无穷。

这么实用的书，早几年出版该有多好！

文 / 甜蜜皇后与三只小猪

与汤医生认识是在六年前，大女儿婕宁体重停滞、有肠胃胀气的问题，还记得第一次去诊间，医生问诊仔细、有问必答、态度亲切和蔼，当时就对汤医生留下了非常好的印象。

之后儿子盛禾出生几个月，觉得他气色不好，在汤医生的建议下抽血检查，结果是贫血，服用了一个多月的铁剂再去检查，儿子的贫血状况就有明显改善。

接着小女儿婕希出生，坐完月子回家没多久就发烧了，因台大北护分院没有住院服务，热心的汤医生还打电话给熟识的医生朋友寻求帮忙，甚至还留给我们他的联系方式，并说随时保持联络！这种贴心的举动令当时已经惊慌失措的我们非常感激与感动。

每次带小朋友去汤医生的诊间看病，小朋友们总是在诊间嬉戏与打闹，因为他们根本不怕看医生；同为三个子女的父母，拔拔妈妈看完病，还会顺便跟汤医生闲话家常。人家说看医生要缘分，很庆幸我们找到一位有缘分的好医生。

这次很开心汤医生出新书了，内容是 0 到 1 岁宝宝的成长发育与健康照护问题集锦，知识丰富详尽，还辅以数据供参考，非常实用。

书中有些知识连我这个熟手妈妈都不知道，如第一章母乳：一直只喝前奶的宝宝会因摄取太多乳糖而产生胀气。看到这儿终于令我恍然大悟为什么姐姐小时候胀气那么严重，因她喝奶都只喝五分钟，难怪常莫名地哇哇大哭，这么实用的书籍若早几年出版该有多好！

大力推荐给家有新生儿的父母，相信只要有此书在手，育儿之路铁定会更加轻松顺畅。最后预祝汤医生的新书荣登畅销书之列！

最新的育儿信息，解除父母的育儿焦虑

文 / 汤国廷

我，是一位资深的小儿科医生，同时也是三个孩子的父亲。

医学院的老师常说，患者是医生最好的导师，但孩子何尝不是呢？儿科医生除了要了解各种儿科疾病之外，对于孩子的生长发育、营养和生活作息，也要了如指掌。书上来不及读到的，我会从患者、孩子身上发现，而病童父母的焦虑，身为人父的我更能体会，所以在每次门诊时，希望能将艰深的医学名词转化成浅显易懂的语言，再用适当的比喻或切身的经验来让病童父母宽心。

初诊的患者或新手父母，通常问题特别多，因此我会花上数倍的时间来解释，尽管门诊外等待的病患越来越多，诊间护理师望着墙上时钟的次数也越来越频繁，虽然对他们不好意思，但是我知道这些时间是值得的，因为不讲清楚，回家后他们还是会手忙脚乱，又继续到下一家医院寻求治疗。

当然有些老患者就被我教育得很好，他们懂得什么时候要送医、回诊及回家后怎么照顾。

11年前开始，应出版社的邀请先后写了《全方位小儿肠胃手册》《教你读懂儿童健康手册》《照着养，爸妈不紧张，宝宝超健康》《营养师＆儿科医生辅食配方》及审定了《婴幼儿常见疾病及居家照顾全书》等书。同时，每个月也在育儿杂志有固定的专栏来介绍小儿科常见的疾病，希望能尽一点儿科医生的社会责任。

离初版的《照着养，爸妈不紧张，宝宝超健康》已有数年的时间，其中的育儿方法已有些改变，所以利用此次的修订版，将婴幼儿需额外添加的维生素和矿物质及添加时机、冲奶方法、婴儿血管瘤最新的治疗选择及疫苗的施打做了些补充。

每个宝宝生来都有与众不同的特质，而宝宝一出生也不是各个器官都已发育成熟，有些现在的问题可能几个月后都会自然消失，但往往新手父母都不了解这点。

曾经有位婴儿出生之后就吃了一个月的药不见改善而来找我，吃药的原因只是因为鼻塞和喉咙有痰，后来经过检查，原来只是“误会一场”（*为什么有痰或鼻塞，看了本书之后，你应该就会清楚*）；也有许多妈妈因为宝宝吃不到书上的建议奶量或不好好睡觉而焦虑；更有的妈妈以为宝宝生病与大人相同，以至于延误送医。

小儿科与其他科最不一样的地方就是，不同年龄有不同的问题和特定的疾病。新手父母的问题千奇百怪，尤其是出生到一岁之间问题最多，所以这本书所提到的宝宝大部分是指新生儿（满月前）和婴儿（满月到周岁），内容涵盖一岁以内常见的育儿问题，并将问题分成“母乳和配方奶”“辅食”“睡眠”“哭泣”“环境”“发育”“健康”等七大类。

现在网络上的信息很发达，只要输入关键词，可以找到一大堆的数据，但如何分辨真假对错，不至于一错再错，就显得格外重要。可惜部分的新手父母宁愿选择相信“乡民”的话，有时积非成是、以讹传讹而不自知。

再者，医学的进步日新月异，不同国情也有不同的处理方式，例如关于辅食的添加时机和选择就有很大的不同（详情请见第二章），因此，为求慎重， 本书的数据源多来自具公信力的官方资料，如中国台湾儿科医学会、美国儿科医学会、中国台湾地区的“国民健康署”、中国台湾母乳协会的最新的卫教网站。

本书的完成要感谢出版社的好友雯琪主编的支持与相助，同时也要感谢健芬、庭甄、雯慧、克敏、嘉音、伊婷及母乳协会的协助，也谢谢我的可爱患者的配合。

最后，我再次提醒父母，医学的进步日新月异，现在我们认为是对的观念，在未来说不定会被新的观念所取代，笔者仅能竭尽所能收集最新的观念写入书中，内容若有不适之处，还请读者与医界前辈及同仁不吝指正。

爸妈的第 1 个为什么？——怎么喝奶，营养才足够？

爸妈的第2个为什么？——辅食怎么吃，才会更健康？

爸妈的第 3 个为什么？——怎么睡才能一夜好眠？

爸妈的第 4 个为什么？——怎么顺利安抚哭闹中的宝宝？

爸妈的第 5 个为什么？——居家环境怎么营造才舒适？

爸妈的第 6 个为什么？——宝宝的成长发育正常吗？

爸妈的第 7 个为什么？——宝宝皮肤红红，是过敏了吗？

爸妈的第 8 个为什么？——出现这样的状况，是生病吗？

第一章

爸妈的第1个为什么？

怎么喂奶，营养才足够？

宝宝出生后最重要的问题就是吃了，怎么吃才能吃出自愈力，让宝宝身体棒棒？喝母乳就对了！

刚出生喝母乳的宝宝

目前市场上销售的婴儿配方奶都是尽量“母乳化”的产品，也就是说，婴儿配方奶是以母乳中所发现的成分为基础而制造的，希望喝配方奶的婴儿能在生长发育和其他方面的表现如同哺喂母乳的婴儿一样。所以当科技越来越进步、母乳的成分越来越清楚，婴儿配方奶内的添加物也就越来越多，当然价格也就越来越高。由此可知，“天然的尚好”，婴儿最理想的营养来源应该是母乳。

母乳的哺育可分为亲喂和瓶喂，瓶喂不是不好，但在早期哺育母乳的过程中，亲喂比瓶喂更可以增加母乳的供给量，以达供需平衡，不至于早早就“断货”。若想要宝宝能够喝久一点，得到多一点的“爱”，亲喂是最好的办法。

0～6个月小宝宝的奶量

刚出生的新生儿胃容量只有5～15毫升，每次需求量不大，但每天需喂8～12次，而母亲初乳量一天约有30～100毫升，足够哺喂新生儿。

喝配方奶的新生儿胃消化时间约为130分钟（54～196分钟）；而喝母乳则约为94分钟（32～172分钟），相比之下消化得比较快，所以这也是为什么要频繁喂母乳的原因。

哺育母乳的妈妈初期最烦恼的就是不知道宝宝是否喝到了足够的奶水，尤其是亲喂母乳不像瓶喂，我们不晓得宝宝到底喝进去了多少。事实上，每个宝宝的需求量不见得一样，与其背一些公式，困扰自己，还不如直接观察宝宝是否吃饱，例如，观察吸吮的情况及宝宝整体的状况（如活动力、尿量、大便次数）；长期来看，体重是否增加是判断宝宝是否吃饱的最好指标。

有些新手爸妈似乎很执着于数字，但一定要记住，每个宝宝的需求量真的不见得一样，若以母乳或配方奶每 30 毫升含热量 20 千卡来说：

* 第一天的宝宝奶量：每天每千克体重需要 75 毫升，之后逐渐增加。
* 第一周大时奶量：每天每千克体重需要 180 毫升。
* 第一周到第四个月奶量：每天每千克体重需要 165 ～ 180 毫升。
* 之后奶量：一天应以不超过 1000 毫升为宜，以免超过宝宝的胃肠负担。爸妈可视自家宝宝的状况来调整，但也无须过于紧张而去“毫升计较”。

以下列出观察宝宝有无吃到足够奶水的最好指标，与其每天执着于宝宝喝几毫升奶，不如检视下面两点：

▲ 正确的衔乳姿势（当宝宝含住乳房时，确定他嘴巴张得很大，含住一大口乳房，同时下巴贴着乳房，下唇外翻）

★ 宝宝喝到奶水的表现——深而稳定的吸吮

宝宝的嘴巴会张得很大，一开始下巴动得短且快，接着下巴动作稳定慢而深，约一秒一次；当宝宝吞咽时，下巴动作暂停；有时会暂停或是恢复成短暂的快速吸吮，接着又是较深而稳定的吸吮。

★ 宝宝喝到足够奶水的表现——尿量多、排便足、体重正常增加

尿量多且颜色浅、没味道，排便量多且次数多，出生后前几天体重减轻不超过 7% ～ 10%，并于 2 周内回到出生体重，之后一个月体重增加大于 500 克。

喝母乳宝宝的排泄量

宝宝正常的尿量

* **出生第 1～5 天：**每天增加 1 片湿尿不湿。
* **出生第 5 天后：**一天 5～6 片湿透的尿片（尿量约 45 毫升 / 次）。
* **出生第 6 周后：**一天 4～5 片湿透的尿片（尿量约 100 毫升 / 次），尿颜色清淡。

出生天数	尿布状态	尿量
出生第 1～5 天	每天增加 1 片湿尿布 ×1	
出生第 5 天后	一天 5～6 片湿透的尿布 ×6	尿量约 45 毫升 / 次
出生第 6 周后	一天 4～5 片湿透的尿布 ×5	尿量约 100 毫升 / 次、颜色清淡

宝宝正常的排便量

* **出生第 1～3 天：**胎便，它是一种黏稠、墨绿色、柏油状但无臭的物质。每天 1～3 次。若第三天之后还发现有胎便，可能表示婴儿吃得不够，这时要请教儿科医生。99% 的婴儿在出生后 24 小时内会解第一次胎便，而所有的婴儿在出生后 48 小时内都会解第一次胎便。若超过 48 小时仍未见胎便，则应怀疑是否有肠管阻塞的可能，特别是先天性巨结肠症。
* **出生第 4～5 天后：**较松软、棕绿色的转型便。每天排便 3～5 次，约 1 元硬币大小。

*出生第 6 天后：大便稀稀水水，带一点黏液，有一点白色颗粒，有一点酸味，颜色黄、有时浅绿。

排便次数随喂食频率不同而有所不同，满月前可能每次喂完之后就会解便，2～3 个月大后，次数逐渐减少，甚至可能 5～7 天大便一次。

出生天数	便便状态	排便量
出生第 1～3 天	胎便：黏稠、墨绿色、柏油状但无臭的物质 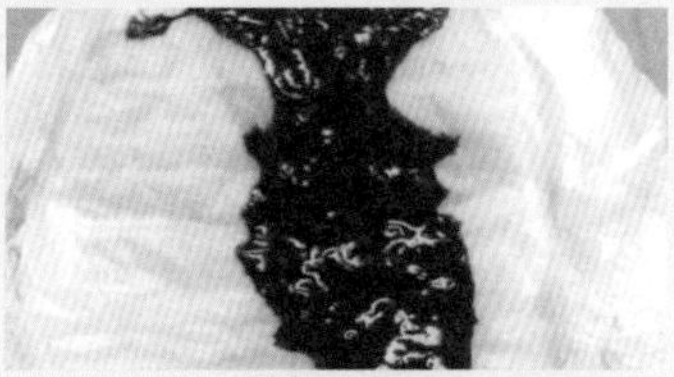	*一天 1～3 次
出生第 4～5 天	转型便：较松软，棕绿色 	*一天 3～5 次 *约 1 元硬币大小
出生第 6 天后	母乳便：稀稀水水，带一点黏液，有一点白色颗粒，有一点酸味，颜色黄、有时浅绿 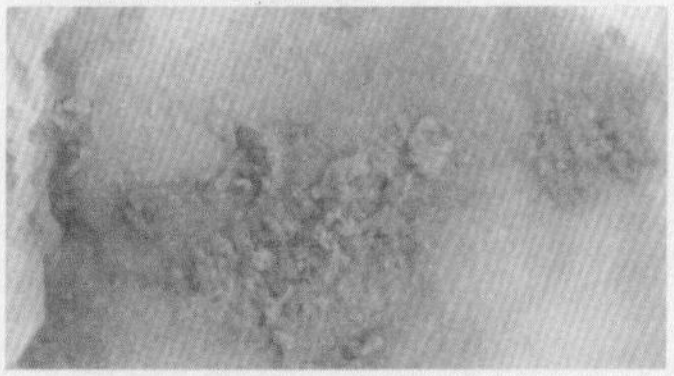	*满月前可能每次喂完之后就会解便 *2～3 个月大后，可能 5～7 天大便一次

母乳宝宝的 Q&A

Q1 母乳看起来很稀，营养足够吗？

A 初乳颜色较黄、浓且量少，但刚好足够出生几天大的新生儿的需要。除此之外，初乳含有重要的抗体，犹如宝宝的第一剂预防针。产后 7 ～ 10 天后，妈妈的奶水会由“初乳”自动转变成“成熟乳”。成熟乳的颜色相对于初乳显得较白，看上去感觉稀稀的，似乎不如配方奶的浓稠，这是因为母乳中蛋白质与脂质的颗粒较小的缘故，并不代表奶水已经没有营养。

成熟乳依分泌时间又分成“前奶”及“后奶”。前奶看起来稀稀的，富含蛋白质、乳糖、维生素、矿物质和水分，还有最重要的“抗体”；后奶则颜色较白，含较多的脂肪，也是宝宝增加体重的主要来源。只要宝宝喂食状况良好，不用担心营养不够的问题。

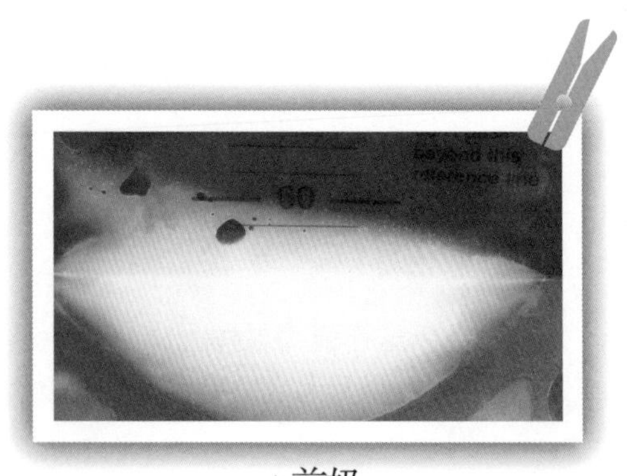

▲前奶

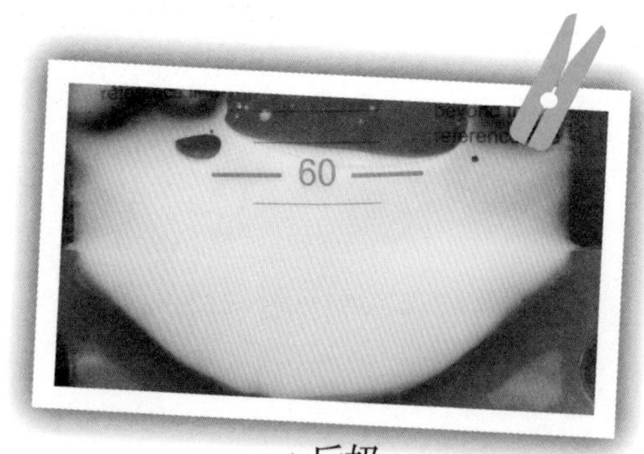

▲后奶

	前奶	后奶
状态	看起来稀稀的	看起来较白
成分	蛋白质、乳糖、维生素、矿物质、水分、抗体	较多脂肪
作用	增加免疫力，提供基本的营养物质	增加体重

Q2 宝宝吸多久才会前、后奶都吸到？如何分辨前、后奶？

A 宝宝要吸多久才会前、后奶都吸到？时间并不一定，应该依宝宝的吸吮速率而定。所以，建议每次喂奶时先从一边乳房开始，喂到宝宝自然松口，然后再尝试喂另一边。下一次喂食时则从上次结束的那边喂起，如此就可以确保宝宝都有吃到前奶和后奶。若是将奶水挤出来喂的妈妈，在挤奶时可以观察奶水的浓度和颜色变化来区分前奶和后奶。

若宝宝一直只是喝前奶，就会因为摄取过多的乳糖造成乳糖消化不良而产生胀气。

Q3 早产宝宝只喝母乳营养够吗？

A 母乳的营养成分会随着宝宝的成长而自动调整，例如，怀孕 34 周妈妈的母乳就适合 34 周的早产儿喝。但对于低体重（小于 1500 克）、怀孕小于 34 周，或出生体重大于 1500 克但体重增加不良的早产儿，在喂食母乳 2～3 周后，且吃的母乳量已足够后，可以在母乳中添加相应的营养成分，以应对快速成长中的早产儿所需的热量和营养。若没有母乳，则可考虑添加早产儿奶水。

Q4 母乳引起的黄疸不会影响宝宝的健康吗?

A 如果黄疸纯粹是由母乳引起的，就不会影响宝宝的健康，但必须先由医生来判断造成宝宝黄疸的原因。

新生儿、婴儿黄疸的原因很多，找出原因比停喂母乳更重要。

如果是由母乳引起的早发性黄疸（出生后1周内），主要是因为给予宝宝的热量不够而导致的，所以反而要多喂奶，让宝宝喝饱，增加宝宝的排泄量，黄疸才不会继续上升；如果是由母乳引起的延迟性黄疸（于出生后10～14天出现，可持续2～3个月之久），停喂母乳48小时后，黄疸确实会下降一些。

至于黄疸儿可否继续喂食母乳，台湾小儿科医学会的建议是，黄疸指数在15～17以下时，仍可放心地哺喂母乳。超过此数值时，可以和医生讨论比较适合宝宝的处理方式。如果考虑暂时停喂母乳时，一定要按照婴儿平常吃奶的频率将母乳挤出来储存，否则，当婴儿黄疸退了时，母乳也就没了。

Q5 喝母乳的宝宝好像都很胖，会不会过胖?

A 许多证据显示，亲喂母乳是新生儿预防日后肥胖的最佳选择，因为通过亲喂的方式，宝宝能主动决定何时吸奶、何时停，而不是让爸妈强迫他将奶瓶中的奶喝完。

据一篇追踪全美约1900名在2000年中期出生的宝宝的研究发现，无论是瓶喂纯母乳或配方奶的宝宝，都比亲喂母乳的宝宝的体重每月多增加85克。

Q6 用手挤时只能挤出少量的母乳，宝宝可以吃饱吗?

A 妈妈用手挤奶所得到的母乳量并不等于宝宝直接吸食的量。母乳分泌是供需原理，当妈妈看见宝宝、听到宝宝哭，以及宝宝直接吸奶时都会刺激母乳不停分泌，就像水龙头被打开一样，源源不绝，因此不用怀疑自己的产奶量：大多数的妈妈都有能力喂饱自己的孩子。

Q7 奶量不够时，是否需要给宝宝补充葡萄糖水或配方奶?

A 葡萄糖水只能提供糖分和水分，而宝宝需要的是均衡的营养（糖类、蛋白质、脂肪、矿物质、维生素和水），如果怀疑奶量不够，应先找出原因，而非直接给予葡萄糖水或用配方奶取代母乳。

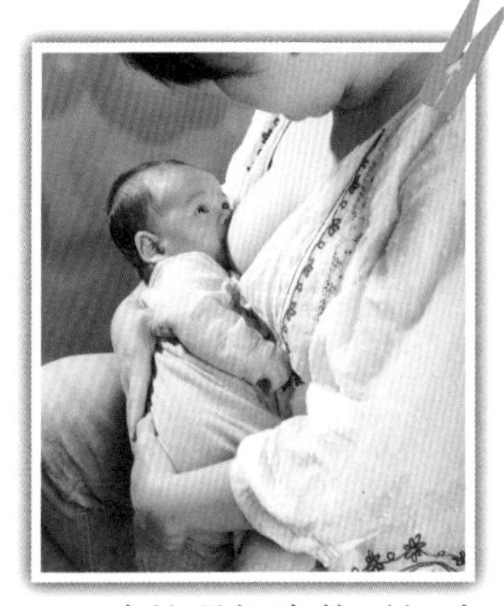

▲正确的喂奶姿势（托着宝宝的头、肩膀和臀部，让宝宝的肚子贴着妈妈，鼻子、上唇正对着妈妈的乳头。要让宝宝来贴近乳房，而不是让乳房靠近宝宝）

有些妈妈觉得奶量不够是因为在亲喂后，宝宝还可以再喝一些配方奶。事实上，**因为胃部饱足的信息还来不及传到脑部，故宝宝会再从流速快的奶瓶中喝进更多的液体**（30～60毫升），但这并不一定表示宝宝还很饿。而且这并不是一个好的测试，在早期还可能让新生儿产生奶嘴和乳头混淆，影响亲喂。正确的做法应该是：**先观察宝宝的尿量、排便和体重变化，确定宝宝是否得到足够的奶量**。如果不足，再想想是否是喝奶或喂奶的姿势错误。母亲的奶水量完全依孩子的需求而定，孩子的需求越多，吸吮次数越频繁，就能越早建立供需平衡。妈妈很少有奶量不足的，大多数健康、足月的宝宝，若出生后母亲即开始以正确的技巧、按需求地喂哺母乳，都不需要添加配方奶。

很多母亲都担心自己的母乳不够宝宝吃，因而添加配方奶。实际上，母亲的身体会适应宝宝的需求量而产生充足的乳汁，添加奶粉反而会减少母乳的供应量。若确定要选择替代品，也要选择配方奶而非葡萄糖水。

Q8 宝宝吃完奶才过半小时又要吃奶，是没吃饱吗？

A 不可单纯地根据宝宝每次吃奶的时间长短或频率来判断宝宝有没有吃饱。判断吃奶量达标的最好方法是：**每天沉重的尿不湿 6 ～ 8 片、大便 4 ～ 10 次、吃奶 8 ～ 10 次。**

如果未达上述标准，有可能是宝宝含奶的姿势不对，或者是妈妈抱宝宝的姿势不正确，也可能是到了成长快速期。在成长快速期（7 ～ 10 天大，2 ～ 3 周大，4 ～ 6 周大，3 个月大，4 个月大，6 月大和 9 个月大），宝宝的食量会增加，以借由频繁吸吮的方式来要求乳房制造更多的奶水，待 2 ～ 3 天后（有时要 1 周）奶水量建立更多了，宝宝吸奶的频率又会恢复原来的习惯。

宝宝吸吮有时是因为肚子饿，有时是需要安抚，有时是为了要和其他人有互动，所以不见得要吸吮就是肚子饿。而肚子饿也无法单纯由婴儿的哭声来判断，如果尿量、大便次数、喂奶频率都达标准，可以先安抚宝宝的情绪，至于是否需要使用安抚奶嘴，目前并无标准答案（安抚奶嘴的使用问题，请参见 P58）。曾有人对稍大的婴儿进行观察，并且将他们吃奶前后的体重进行比较，结果发现，同一个婴儿有时吃 85 毫升奶水左右，看上去就是一副很满足的样子，而有的时候却要吃 280 毫升才表现出满足，因此，同一个宝宝尚且如此，更何况是不同的宝宝。

喝配方奶的宝宝因为配方奶的消化较慢，所以通常 3 ～ 4 小时才会饿，**若提前哭闹，可以在下次喂奶时增加 5 ～ 10 毫升的奶量。**

Q9 宝宝一次要吸多久的奶才能吃饱?

A 吸吮的频率也会随着宝宝个性不同而有所不一，每个宝宝都有自己特定的吃奶速度，有快有慢，这是没有一定答案的，所以到底要喝多少奶、吸多久，还是留给宝宝自己决定吧！

在初期妈妈的奶水供需尚未达到平衡时，婴儿会很频繁地喝奶（大约2小时就要喂1次），不停地刺激（吸吮）乳房才会产生源源不绝的奶水，才能满足宝宝越来越大的需求量。

妈妈可以由宝宝的吞咽动作来观察，**当宝宝认真吸的时候是慢而深的，且不会发出啧啧声。**渐渐地，当宝宝和你达到协调后，自然会有他们自己的一套模式，当然你必然也会晓得宝宝是否吃饱。

如果真的要提供相关数据，根据美国小儿科医学会的建议:

* **满月前:** 约每隔1.5～3小时喂1次（一天8～12次），白天若超过3小时以上，就要摇醒宝宝给他喂奶，晚上如果超过4小时以上，也要摇醒宝宝吃奶。
* **满月后:** 如果宝宝体重增加良好，可依宝宝的需要喂奶，不一定要吵醒宝宝。每次喂奶时，让宝宝一次性持续吃一边的乳房直到自己松口（可达15～20分钟），再尝试喂另一边，下一次喂食从前一次结束那一边开始喂起。

Q10 如何知道宝宝是否需要增加奶量?

A 观察宝宝在下次喂奶前是否提早有饥饿时的表现，如:

1. 觅乳反射（宝宝的头转向妈妈的乳房，同时张大嘴巴，舌头向前下方伸出）。

② 宝宝做出吸吮的动作或将小手放进口里。

③ 哭闹（较迟的表现）。最好不要等到宝宝哭闹时才喂奶。

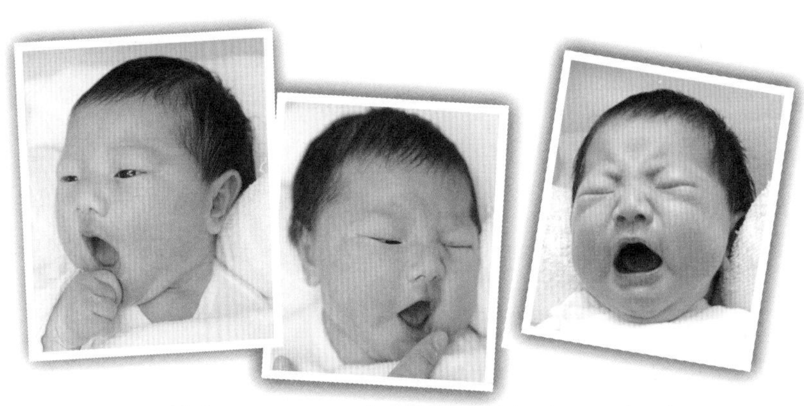

▲（摘自 Hello Kitty 安心育儿书 / 新手父母出版）

只要是宝宝饿了或需要的时候去哺育，奶量自然会根据宝宝的需求而增加，**如果是瓶喂，可以一次先增加 5 ～ 10 毫升的奶量，切勿过多。**

Q11 宝宝边吃奶边睡觉时，要叫醒他吗？

A 当宝宝含着妈妈的乳房、听着妈妈的心跳、闻到妈妈的味道时，他会觉得十分安全而受保护，很自然地就想睡觉。有时，有些宝宝会把妈妈的乳头当作安抚奶嘴。

如果在吃奶时间他只是含着乳头而并没有认真地喝奶时，可以**将宝宝的包巾打开，让他的手脚露出来凉快一些，或是搔搔他的背，摸摸他的脚，和他讲讲话**，尽量使他清醒，让他可以更有效地吸吮。此外，房间的光线也可以调亮一些，不要太安静。如果这样的喂食超过

40～50分钟以上，就不用再喂了，让他睡觉，但是要相应增加喂奶的频率（是指有需要就给）。

Q12 宝宝睡了一段时间，是否需要刻意叫醒他喝奶？

*满月前：在妈妈的奶水尚未达到供需平衡前，宝宝睡觉白天若超过3小时，就要摇醒宝宝喂他喝奶，晚上如果超过4小时，也要摇醒宝宝喂他喝奶。

*满月后：如果宝宝体重增加良好，可依宝宝的需要喂奶，而不一定非要吵醒他喂奶。

Q13 喂奶时发现宝宝吞咽很快，如果呛到他怎么办？

A 有时妈妈奶太胀了，乳汁流得太快而使宝宝容易呛到，这时可以先挤一些母乳出来，等乳汁流速较慢些时再喂宝宝。

对于喷乳反射过于强烈的妈妈，除了上述的处理方式外，**还可以让宝宝趴在自己身上吃奶。**同时每次只吃一边乳房的奶水，而另一边乳房的奶水可以挤出来储存。

Q14 宝宝喝完奶一直打嗝，该如何处理？

A 自发性的连续打嗝是因为横膈膜抽筋造成的，较容易发生在喝完奶、肚子尚饱的阶段，属于正常的生理现象，但是宝宝打嗝时或多或少都会有点不舒服，此时妈妈**可抱起宝宝帮他拍拍背，或喂他一点温开水**，会让他舒服些；但若时间不允许，**让宝宝右侧朝下侧躺也无碍**，打嗝自然就会停止。

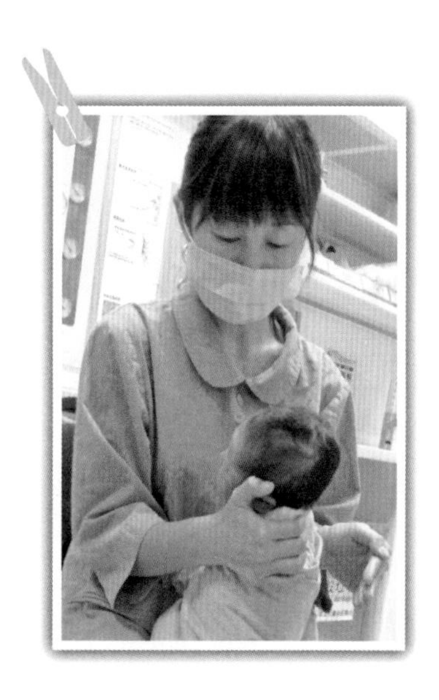

▲拍嗝（喂奶后让宝宝采取坐姿或斜靠在喂食者的肩上，手呈杯状由下往上轻拍宝宝背部，若有溢奶、吐奶情形，可于喂食中途先予排气或分段喂食）

Q15 认真地拍了，也打嗝了，为什么宝宝还会腹胀?

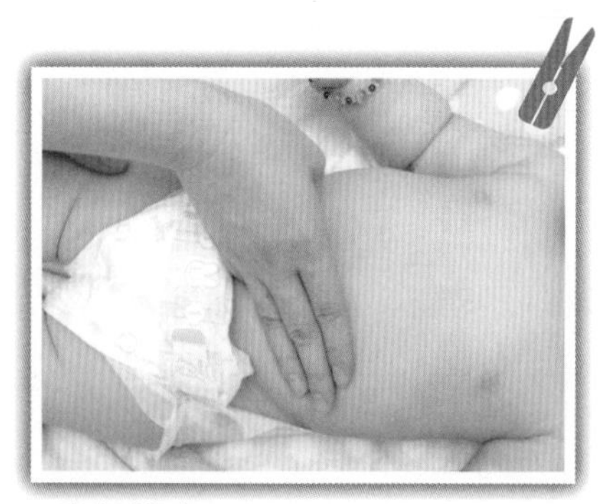

▲腹部按摩

A 打嗝与否与腹胀并无绝对关系。婴儿肠道内的肌肉层及弹性纤维不发达，再加上肌肉较薄，所以常见宝宝在大餐一顿后，肚子鼓得像青蛙肚般，这种情形要到 5 岁以后才会改善。若宝宝没有不舒服，家长就不必特别在意，这种情况长大就会改善；若真的担心，可以让宝宝少量多餐，肚子就不会鼓得那么明显。

婴儿腹胀多以胀气为主，对于容易胀气的婴幼儿，除了解决根本的原因之外（如哭太久、奶嘴洞太大、母乳吸吮方式错误或只吃到前奶），当宝宝因为胀气而引起不舒服时，**可用薄荷油以掌心涂抹于肚脐周围，顺时针方向按摩腹部以促进排气。**

Q16 采取亲喂但奶水还是不足，无法全母乳喂养怎么办?

A 应从宝宝的尿量、排便及体重变化来观察他是否吃饱，而不能单凭妈妈胀奶的感觉去判断，如果宝宝尿量够、体重增加理想，就代表营养已足够，反之，就要求助。

有经验的妈妈知道**胀奶与否与奶量多寡无关**。因为在前 1～2 周里，乳房由于激素的变化，会变得胀满和结实，但是后来虽然奶水增加了，乳房却变得柔软，不像原来那样有充盈的感觉，致使妈妈怀疑自己的奶水量不多，但是根据观察，宝宝却能从中吃到 170 毫升以上的奶水。另外，宝宝在吸吮的同时，乳房会有新的奶水持续产生，这就是为什么常说宝宝多吸乳房，奶水自然产得多的道理了。

Q17 宝宝大便稀稀水水的，是吃坏肚子了吗?

A 喝母乳的宝宝大便通常是稀稀水水、带一点黏液、有一点白色颗粒，闻起来有一点酸味，甚至一吃就解。这是因为母乳中含有丰富的乳糖，会被肠道中的乳糖酶分解吸收，部分没被分解的乳糖在肠道中发酵产气，刺激肠蠕动，产生稀水状的大便，这是正常的大便，不是腹泻。有的宝宝会一直维持这样的大便情况，直到添加固体食物时才会相对成形。

有些宝宝的大便情况在 1～2 个月后，会变成 3～4 天才解一次，通常仍是软便。最久甚至可以 3 周才解一次软大便，这并非便秘。若大便变得更稀更水，或次数突然变多、黏液增加，就有可能是拉肚子了。

Q18 母乳可以喝到多大？需不需要给宝宝额外补充营养品？

A 目前最常听到的是世界卫生组织的建议：婴儿最初6个月应以纯母乳喂养，随后在添加固体食品的同时，母乳喂养可持续至婴儿2岁或以上。

但根据2016年台湾儿科医学会建议：母乳是正常新生儿的最佳营养来源，足月产的正常新生儿于出生后应尽快哺育母乳，并持续纯母乳哺育至4～6个月大（**纯母乳喂养意味着除了药品等必要物之外，不吃任何其他食物**）。于4～6个月大开始添加辅食，建议持续哺育母乳至1岁，但不建议纯母乳哺育超过6个月。超过6个月之后，继续纯母乳哺育者，如无适量辅食补充，会有营养不良的危机。1岁后可依据母亲与婴儿的意愿与需要持续哺喂母乳，没有年龄的限制。喂哺母乳宜以亲喂为原则，尤其在前2个月。临床上有纯喂母乳而引起维生素D缺乏性佝偻病的报告，为了维持婴儿血清中维生素D的浓度，**纯母乳哺育或部分母乳哺育的宝宝，从新生儿开始每天给予400 IU口服维生素D**（**可在儿科医生的指示下至医院或药店购买**），至于补充到什么时候，学会虽然没有明确建议，但笔者建议至少补充到1岁，在6个月到1岁之间可以多摄取一些富含维生素D的辅食并辅以日晒。含维生素D较多的食物主要是湿黑木耳、日晒干香菇、深海鱼（如鲑鱼、沙丁鱼、鲭鱼），猪肝、奶酪、蛋黄也含有少量的维生素D。

▲婴儿米粉

含有铁和锌的辅食可在4～6个月时开始添加，4个月后尚未使用辅食之前，应开始每天补充口服铁剂1毫克/（千克·天）（**可在儿科医生的指示下至医院或药店购买**）。

至于混合喂养的宝宝，若是以母乳哺育为主，依据美国儿科医学会2010年的建议，4个月开始尚未接受含铁辅食之前，也应该开始每天补充口服铁剂1毫克/（千克·天）。

Q19 挤出来的母乳要怎么储存，要喝时可以微波加热吗?

A 由于宝宝日后每次吃的奶量可能不一定，所以建议将一次挤出的母乳量分成多包小袋装，这样不会浪费。记得将母乳挤入无菌集奶袋或奶瓶内，瓶外或袋外以标签注明挤奶日期、奶量，放置于冰箱储存。保存期限可参考下表。

母乳储存时间

	刚挤出来	冷藏室解冻	温水解冻
室温 25℃以下	6～8 小时	2～4 小时	1 小时内
冷藏室	5～8 天	24 小时	4 小时
独立的冷冻室	3 个月	不可再冷冻	不可再冷冻
-20℃以下冷冻室	6～12 个月	不可再冷冻	不可再冷冻

至于宝宝要喝时，可大约估计当天所需要的量，**先将冷冻母乳放置冷藏解冻退冰，将需要量分装至奶瓶中，再以隔水加热方式（水温勿大于 60℃）温热**。市面上有温奶器，可以设定温度，很方便。若来不及，冷冻母乳也可以不退冰直接放在温奶器中隔水加热，但千万不能使用微波加热，因为一方面会破坏里面的抗体和营养成分，另一方面受热不均，有烫伤宝宝的危险。

Q20 宝宝几个月大开始可以不吃夜奶一觉到天亮?

A 父母一定很希望宝宝可以赶快一觉到天亮，让自己脱离半夜醒来喂奶的梦魇。但父母必须先知道 1 岁以前，尤其是 6 个月大以前，是宝宝生长最快的时期，再加上宝宝的胃容量较小，理论上必须频繁地喂奶才能符合生长需求。

建议满月前，在奶水尚未达到供需平衡前，宝宝晚上睡觉如果超过 4 小时，就要将他摇醒喂奶；满月后，如果宝宝体重增加良好，可依宝宝的需要喂奶，而不一定要吵醒宝宝。

有些宝宝 3～4 个月大后可以一觉到天亮，有些宝宝可能要到周岁后才能戒掉夜奶。但父母要知道，即使现在一觉到天亮，**但在生长快速期或在长牙时，宝宝可能又会恢复夜奶，所以要不要夜奶，由宝宝自己决定吧！**

Q21 宝宝满月后一次的奶量可以达到 300 毫升，是否太多?

A 满月的宝宝体重约为 4～5 千克，一次喝 300 毫升奶（可能是瓶喂），实在是太多了。如果一天超过 1000 毫升奶量，就会超过宝宝的胃容量和对液体的耐受性。但如果不给吃，宝宝又表现得像没吃饱，此时请见 Q8～Q10 的解释。

喝配方奶的宝宝

配方奶为类母乳化的替代品，可以提供4～6个月大以前正常婴儿所需的所有热量及营养。一般标准的婴儿配方奶是以牛奶蛋白为原料，添加易消化吸收的植物油来取代不易吸收的牛奶脂肪，然后经过处理，使其成分接近母乳而制成牛奶蛋白配方。

若以豆精蛋白或羊奶为原料，则称豆精蛋白配方或羊奶蛋白配方。当宝宝无法适应标准婴儿配方或豆精蛋白配方时，一些特殊的婴儿配方奶也可供选择。婴儿配方奶的成分有一定的标准（上限及下限），须符合规定才准上市。

台湾儿科医学会2016年建议使用配方奶的儿童，如果每日进食少于1000毫升加强维生素D的配方奶或奶粉，从新生儿开始，每天应给予400 IU口服维生素D（在儿科医生的指示下至医院或药店购买）。至于补充到什么时候，学会虽然没有明确建议，但笔者建议至少补充到1岁，维生素D的其他来源，如加强补充维生素D的食物，可计入400 IU的每日最低摄取量之中。

0～6个月配方奶宝宝的奶量

与喝母乳的婴儿相同，喝配方奶的婴儿在满月前约每3小时喂一次或依宝宝需求而定。喂奶的量因每个婴儿的食欲和胃容量的大小而异。

* 新生儿第1天胃容量：约为5毫升的小玻璃弹珠大小，没有弹性。
* 第3天胃容量：约为25毫升的弹力球大小。
* 第10天胃容量：约为50毫升的乒乓球或婴儿的拳头大小。

*满月时胃容量：约 80～150 毫升。

第一周后的宝宝可以按照这个公式来推算：

每天每千克体重应得到约 150 毫升的奶水 ÷ 每天喂养次数 = 每次所需喂的量。

例如：一个体重为 4 千克的婴儿，每 3 小时他应得到大约 75 毫升奶。

一般而言，**婴儿一天的奶量到 4 个月大时为最高峰，甚至可达 1000 毫升，之后因为辅食的添加，奶量会减少至 540～660 毫升。**不过请父母注意，上述的奶量只是参考值，每个宝宝都有差异，观察宝宝的体重是否正常，比起斤斤计较到底吃了多少更为重要。

喝配方奶宝宝的排泄量

宝宝正常的尿量

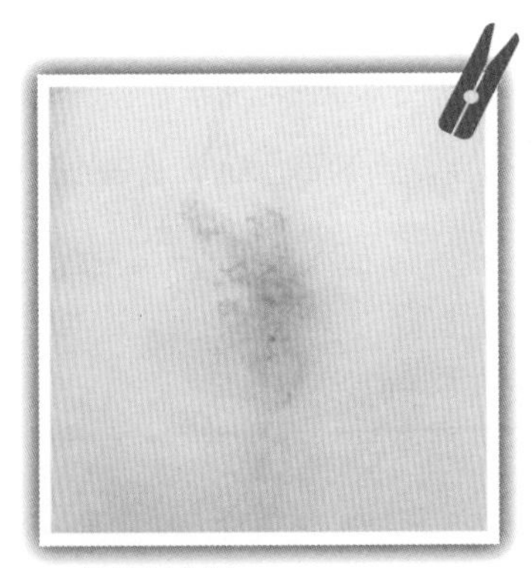

▲尿酸结晶

***出生第 1～5 天：**每天增加 1 片湿尿布。

***出生第 5 天后：**一天 5～6 片湿透的尿片（尿量约 45 毫升 / 次）。

***出生第 6 周后：**一天 4～5 片湿透的尿片（尿量约 100 毫升 / 次），尿颜色清淡。

*当尿液内尿酸浓度较高时，尿酸结晶可以让尿不湿变成粉红色，这大多属于正常现象，只有极少数是代谢异常，多增加液体的摄取量可改善此现象。

宝宝正常的排便量

***出生第 1～3 天：**胎便。

* 出生第4～5天后：较松软、棕绿色的转形便。一天3～5次，约1元硬币大小。
* 之后大便次数会随着喂奶次数而定。配方奶内蛋白质量越接近母乳，大便会越软；颜色上，宝宝的大便除了红、黑、灰、白外，其他的颜色都可以接受。

出生天数	便便状态	排便量
出生第1～3天	胎便：黏稠、墨绿色，像柏油状但无臭味的物质	*一天1～3次
出生第4～5天后	转型便：较松软、棕绿色	*一天3～5次 *约1元硬币大小

配方奶宝宝的Q&A

Q1 如果母乳不够吃，要给宝宝选择哪种配方奶？

A 婴儿配方奶没有好不好，只有适不适合，只要是符合规定的婴儿配方，都可以让宝宝喝，如果不知如何选择，可以请教专业的小儿科医生。

Q2 什么情形下宝宝需喝水解蛋白婴儿配方？

A 简而言之，水解蛋白配方是针对“牛奶蛋白过敏”的宝宝所设计的婴儿配方。牛奶蛋白过敏的宝宝在接触牛奶蛋白后，陆续会出现湿疹、腹泻、血丝便、焦躁不安、异常哭闹或生长迟缓等症状。

如果怀疑婴儿是过敏体质，或是有过敏体质的家族史，为避免诱发其过敏体质，在无法喂食母乳的情况下可以改用水解蛋白配方。

Q3 水解蛋白婴儿配方营养比较差，只能短时间喝吗？

A 标准婴儿配方是以牛奶蛋白为原料，而水解蛋白婴儿配方是将这些蛋白质经过酵素水解和加热把容易导致宝宝过敏反应的蛋白分子变小，牛奶蛋白中原有的过敏结构也因此而被破坏，所以大大地降低了过敏的机会。

牛奶蛋白水解的过程就像是把 1 张一百元换成 10 张十元，这并不会破坏其营养成分，所有的营养成分可以完整保留，符合宝宝成长所需，可以长期使用，家长无须担心宝宝的营养会因水解而有所不足。

依水解程度的不同，水解蛋白婴儿配方可以分为完全水解蛋白婴儿配方和部分水解蛋白婴儿配方。但**水解程度越高，口感越差且价格也越高。**

完全水解的奶粉主要适用于严重腹泻幼儿、短肠症，或用于因牛奶蛋白而引起严重过敏疾病的幼儿，这种奶粉也能预防过敏。但因完全水解的口味接受度较差，价格较高，且不会诱发口服耐受性，因此**这类奶粉主要提供给严重腹泻幼儿或严重过敏儿使用，一般过敏儿使用部分水解奶粉即可。少数过敏儿对部分水解蛋白奶粉仍有过敏症状，此时可改用完全水解配方奶粉。**

Q4 宝宝喝一般配方奶会胀气、吐奶，是否应改喝水解配方？

A 婴儿胀气、吐奶的原因很多（请参见 P47、P60），并非单纯与配方奶有关，所以不是换奶粉就可以改善的。如果是宝宝对婴儿配方里的牛奶蛋白过敏，换水解蛋白配方才有帮助。

Q5 怎样正确冲调配方奶，水温多少才合适？

A 婴儿配方奶的各项成分浓度都须在符合规定的上限及下限间才能上市，因此不会影响宝宝的健康，但是**必须按照罐装说明给予正确浓度的奶粉，不可以任意调浓或调淡。**

冲奶最安全的水是使用经过氯化的自来水。至于矿泉水则因各矿物质的成分高低不明，不鼓励使用。而蒸馏水、逆渗透水或纯水，这些几乎不含矿物质及微量元素（像氟），不建议婴幼儿长期使用作为冲奶之用。山泉水和井水也不建议使用。

冲奶时，准备煮沸的水，市售瓶装水也需要煮沸。禁止以微波炉煮水，因为会导致内外温度不均，也不建议使用插电饮水机来煮开水，因不能持续沸腾。水要经过持续沸腾 1 ～ 3 分钟后放置热水瓶或饮水机中保温。以 40 ～ 50℃的水冲泡配方奶，可使用温度计测量。

冲泡后需冷却至与体温差不多的温度 38℃，再给婴儿喂食使用，慎防烫伤。可以将奶瓶用水龙头水冲，或在冷水、冰水内浸泡以快速降低奶水温度。

冲好的奶应该在冲泡后 2 小时内使用完毕，置于室温下超过 2 小时的奶水应该丢弃，以避免受污染。如果置于 5℃以下冰箱冷藏室，可使用时间为 24 小时。

Q6 宝宝一直喝不到配方奶的建议量怎么办？

A 每个宝宝都是独立的个体，奶粉罐上的建议奶量只是参考，并非绝对。重要的是宝宝能否得到足够的营养，生长发育是否正常。

所以如果宝宝体重正常，各方面的发育也符合这时候的年龄发展指标，即使喝少一点也没关系。但如果宝宝喝得少又有生长迟滞的现象，就要赶紧就医查出原因。

Q7 宝宝6个月大一定要换奶粉吗？换奶时要注意什么？

A 宝宝有些症状并不是换奶粉就可以解决的，是否要换奶粉，或者是换哪一种品牌，可以请教专业儿科医生的意见。

换奶要以渐进的方式在3～4天逐步更换为宜，也就是第一天先以3/4原奶、1/4新奶的比例喂哺，并观察宝宝有无任何不适的症状，例如腹泻、腹胀、呕吐等，如果没有问题第二天再以1/2原奶、1/2新奶比例增加，第三天加到1/4原奶、3/4新奶，顺利的话可在第四天完全换奶。特别提醒**由母乳换成配方奶的时候，如果宝宝出现血便、黏液便、皮肤红疹等症状，可能是牛奶蛋白过敏**，应该带给小儿肠胃科医生做进一步检查。

宝宝到6个月大时是否一定要换较大婴儿配方奶呢？**如果宝宝吃原来的婴儿配方奶已经很适应了，而且辅食添加得宜，就不一定要换奶。**较大婴儿配方奶和婴儿配方奶相比，蛋白质和矿物质的含量较高，有些宝宝会因此便秘；有些添加了蔗糖，口感较好，但也可能造成腹泻。

Q8 是不是喝母乳的宝宝不用喝水，但喝配方奶的宝宝需要喝水？

A 母乳当中水分的比例约为87%，婴儿配方奶当中的水分为85%，**喝母乳或喝配方奶的宝宝皆不需要另外补充水分，但并非绝对不可喝水，只要不影响到平时的奶量就可以。**

Q9 喝配方奶便秘怎么办？

A 宝宝便秘时，先检查是否有肛裂，如果有，**可用温水坐浴10分钟帮助伤口复原；千万不要将奶粉冲得太浓，以免宝宝肾脏受损。**

如果宝宝已经满4个月，可尝试添加稀释的果汁或蔬果泥，配合薄荷油以顺时针方向轻轻按摩肚脐周围来促进肠蠕动。

感觉宝宝大便很吃力时，可以用凡士林润滑的肛温剂刺激肛门（约进入2厘米），如果严重到解血便或有严重腹胀呕吐，应该就医检查有无先天性巨结肠症或肠道神经发育不全等潜在疾病。

如果想要换配方奶，可以选用蛋白质含量较接近母乳的配方奶（母乳中蛋白质的含量为1%，配方奶蛋白质的含量约为1.2%～3%）。

▲蔬果泥（预防便秘）

Q10 孩子喝奶时，感觉很费力还有痰音，是不是感冒了？

A 这种表现大多是因为婴儿的鼻腔、喉咙和气管软骨尚未发育成熟所造成的，不是感冒，而是属于正常的生理变化，6个月大之后就会逐渐消失。

平常呼吸所带进来的空气杂质再加上气管内正常的分泌物，成为所谓的痰。因为婴儿尚不会有吐痰的动作，所以这些痰及一些唾液便暂时留在会厌处（食道与气管交接处），让人觉得常常喉部有痰。再者，新生儿的会厌区位置较大人的高，正位于舌根处，喝牛奶后，奶残渣容易留在该处，导致这种呼吸有痰声音的情况会在吸食牛奶之后特别显著。

如果孩子活动力很好，食欲也不错，没有明显咳嗽或流鼻涕，只是喝奶时呼吸会有声音，感觉喉咙有痰，这不算感冒，可以不理会。反之，则要带去看医生。

Q11 是否应该给宝宝使用安抚奶嘴？

A 该不该给宝宝使用安抚奶嘴，目前并无定论，决定权还是在于父母。

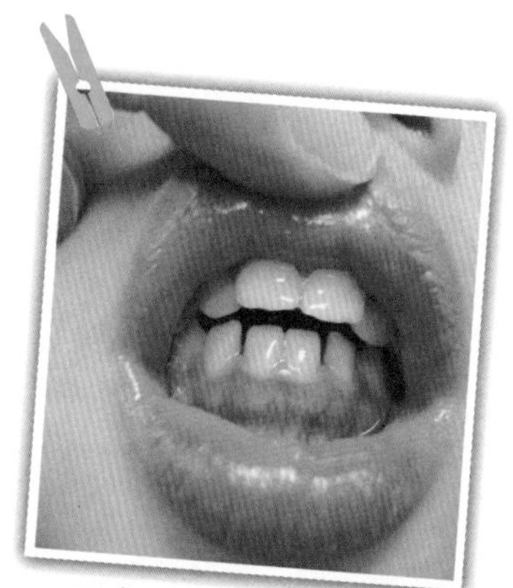

▲ 因长期咬奶嘴而造成上下门牙无法重叠而呈现分开的状态

吃奶嘴的好处：曾经有研究指出，吃奶嘴的宝宝发生婴儿猝死症的概率较低，但目前无法证实可以用来预防婴儿猝死症；再者，对于焦躁的宝宝可以达到安抚其情绪的效果，暂时分散宝宝的注意力，让父母可以多一点时间冲奶，同时帮助宝宝入睡。对于爱吸吮的宝宝，之后戒奶嘴比戒手指头会容易。

吃奶嘴的坏处：在早期母乳尚未达到供需平衡前，太早使用奶嘴，容易造成乳头混淆，影响亲喂，所以根据美国儿科医学会的建议，安抚奶嘴最好延至满月以后再使用；吃奶嘴会增加患中耳炎的机会，而长时间吃奶嘴尤其是整夜，容易造成牙齿咬合及排列的问题以及鹅口疮。

使用奶嘴必须注意清洁、安全，以及非必要时尽量不使用，另外，准备一个一模一样的备用奶嘴，以备不时之需。睡着后万一奶嘴掉了，也不要急着再塞回去，如果担心中耳炎的问题，6 个月大后可尝试戒掉奶嘴。

Q12 药店常鼓吹奶粉的钙质不足，宝宝需要额外补充钙，是真的吗？

A 这是不正确的，因为母乳或配方奶中含有大量的钙质，婴儿所摄取的钙质总量已能满足自身需要，并不用再添加额外的钙，4～6 个月以上的婴儿除了母乳或配方奶外，应开始添加辅食，从辅食中摄取足够的钙质。

药店常推销服用钙能让骨骼发育变好、生长快速、长得又高又壮，这是一种不正确的观念。钙质的吸收应有良好的饮食内容成分，再加上维生素 D 的帮忙才能有效吸收，单一增加钙质的摄取，吸收效果是有限的。

而且若钙质吸收过多，甚至超过身体的利用率，多余的钙会从肾脏排泄，易产生“高钙尿症”，增加了患肾结石的机会。因此钙的摄取应以足够为宜，多余的钙反而是有碍健康的。

Q13 宝宝需要吃益生菌强化胃肠道功能吗?

A 目前益生菌已知的好处包括：可以改善肠道对乳糖的消化，对于乳糖不耐症的病人有帮助；可以预防因吃抗生素而导致腹泻的情形；可以治疗与预防婴幼儿腹泻，尤其是病毒性腹泻，如轮状病毒，可以缩短病程与减轻严重度。

基本上，益生菌对于健康的婴幼儿是无害的，但不同的菌种以及菌种的多寡可能会造成不同的效果，有待进一步的研究。其实正常且天然的饮食对宝宝是最好的，与其吃益生菌，倒不如适量补充天然的膳食纤维，如五谷根茎类和蔬菜水果，因为膳食纤维可以使人体有益菌大量增加，进而抑制有害菌的繁殖。

市场上的婴幼儿营养补充品需要谨慎使用，可以先请教儿科专业医生，且在补充前，一定要了解宝宝的健康和生长状态，并充分了解产品内容，才能为宝宝的健康做最好的把关。

▲膳食纤维（最佳的营养品）

Q14 宝宝喝完奶后，已经打嗝了，为什么还会吐奶块?

A 打嗝与否与吐奶块有时并无直接关系。婴儿时期吐奶或溢奶大多与胃食道逆流有关，属于正常的生理现象。

食道与胃交接的地方叫作“贲门”，由括约肌所控制，当食物在胃中消化的时候会关紧贲门以防食物逆流回食道。

但宝宝在婴幼儿时期对于括约肌控制不好，再加上胃的容量较小，有时喂食过量、打嗝、排气、换尿不湿或手舞足蹈压迫到肚子时，就容易吐奶，有时尚会发现半消化的奶块。但是如果宝宝活动力正常、体重增加良好，无黄色或绿色吐出物，可不必担心。

容易吐奶的宝宝可以这样做：

* 选用奶嘴洞大小合适的奶嘴，以防宝宝喝入过多的空气。
* 不要让宝宝长时间哭闹。
* 不要喂食过量。
* 喝完奶后，可以先维持直立或半直立的姿势 20～30 分钟，之后再轻轻放下右侧躺。
* 少量多餐，牛奶中添加谷类制品（4～6 个月大后才可加）或使用低溢奶配方奶粉（可至药店购买）也有帮助。

Q15 宝宝喝奶量忽然减少，刚喝完半个小时又哭闹要喝，是不是生病了？

A 生病与否，不能就单次的奶量来决定，若食欲持续明显减少或伴随其他症状，如发烧、呕吐、腹泻、咳嗽或活动力变差，则要带去就医。此外，也可注意奶嘴孔洞的大小，随着宝宝的成长应更换为大孔洞，以免洞口太小影响喝奶量。

笔记栏

爸妈的第2个为什么？

辅食怎么吃，才会更健康？

待宝宝成长至4个月大，就可以开始添加辅食，训练咀嚼力及肠胃对食物的适应力，为将来的健康打基础。

4～12个月大吃辅食的大宝宝

添加辅食除了可以提供热量外，还提供了微量元素，如铁、锌、铜等，均衡营养，同时可以训练宝宝的咀嚼能力，以免日后偏食。添加辅食的原则是：

* 一次只添加一种新食物，由少到多。
* 添加新食物后，注意宝宝有无腹泻、呕吐、出疹子等现象。
* 尝试4～5种食物后，才可混合喂食。
* 喂食时尽量使用汤匙。
* 不要过量给予，不要添加重口味食物。

4～6个月大，是辅食的适应期，重点是让宝宝愿意吃，吃多少则不管。根据最近的研究发现，**太晚给固体食物反而可能增加过敏倾向**，因此就算有过敏疑虑，最迟也应在6个月大前就要给予。

7～12个月大，是辅食的训练期，重点是让宝宝多尝试不同种类的辅食，它除了提供一天所需的1/3热量外，也可避免日后出现偏食的困扰。

4～12个月正常宝宝的饮食建议量

年龄	食物类别	食物及喂食形态	一天食用量
4～6个月	奶类	母乳或配方奶	5次
	水果	将汁挤出，加等量的开水稀释，如苹果、水蜜桃、葡萄等	由1茶匙（5毫升）开始逐渐增加，每天最多2茶匙
	五谷根茎类	婴儿米粉或麦粉用开水调成糊状，以汤匙喂食	由1汤匙（15毫升）慢慢增加至4汤匙
7～9个月	奶类	母乳或配方奶	4次
	水果	香蕉、木瓜等用汤匙刮成泥	由1汤匙慢慢增加到2汤匙
	鱼肉蛋豆类	蛋黄泥（一天最多食用1个） 豆腐 豆浆 鱼泥、肉泥、肝泥	任选1～1.5份 1份=蛋黄泥2个 =豆腐1个四方块（田字型） =豆浆240毫升 =鱼泥、肉泥、肝泥50毫升（2汤匙）

续 表

年龄	食物类别	食物及喂食形态	一天食用量
7～9个月	五谷根茎类	米糊或麦糊 馒头 吐司面包 稀饭、面条或面线	任选 2.5～4 份 1 份 = 稀饭、面条、面线任意 1/2 碗 = 薄片吐司面包 1 片 = 馒头 1/3 个 = 米粉、麦粉 4 汤匙
	蔬菜	将绿色蔬菜、马铃薯或胡萝卜等煮熟捣成泥，可加几滴醋以减少维生素 C 的流失	由 1 汤匙慢慢增加到 2 汤匙
10～12个月	奶类	母乳或配方奶	不强迫喂奶，可减至 2～3 餐
	水果	果汁或果泥	2～4 汤匙
	鱼肉蛋豆类	再加上蒸全蛋	任选 1.5～2 份 1 份 = 全蛋 1 个
	五谷根茎类	米糊或麦糊 馒头 吐司面包 稀饭、面条或面线 米饭	任选 4～6 份 1 份 = 稀饭、面条、面线任意 1/2 碗 = 薄片吐司面包 1 片 = 馒头 1/3 个 = 米粉、麦粉 4 汤匙 = 米饭 1/4 碗

续表

年龄	食物类别	食物及喂食形态	一天食用量
10～12个月	蔬菜	切碎，煮烂	2～4汤匙
1岁以上	蛋奶鱼肉豆蔬果米面等，应均衡摄取	宝宝好吞咽即可，做法可随意变化	三餐与大人同吃，早上10点或下午3点及睡前可给主食、水果或牛奶等，避免糖或巧克力等甜食

吃辅食宝宝的排泄量

当宝宝开始吃辅食后，大便会变得较成形、较硬，同时颜色也出现较多变化。因为食物中富含糖分和脂肪，大便的味道会变得较重。像是豌豆和其他绿色蔬菜会让大便变成深绿色，而红色菜、木瓜等会让大便看起来偏红（有时尿也呈现红色）。如果进餐时气氛是愉快的，宝宝的大便偶尔会出现未消化的菜渣，尤其是豌豆、玉米或红萝卜碎片，但以上的变化都是正常，父母不用担心。

在这个时期，宝宝的肠胃功能还未完全成熟，需要多一点时间来适应新的食物，所以如果宝宝的大便变得很松散、很稀，甚至带有黏液，这可能代表胃肠已经受到刺激了。在这种情况下，可以减少给予辅食的量及次数，如果情况仍未改善（大约持续1周以上），就要寻求儿科医生的帮助找出原因。

至于大便的次数和尿尿的次数与未吃辅食之前差不多。（请参见P38）

辅食宝宝的 Q&A

Q1 宝宝可以吃辅食的表征有哪些?

A 当宝宝满 4 个月大时有以下三个时机，可择一开始添加辅食。

1. 每天摄取奶量超过 1000 毫升。
2. 婴儿体重为出生体重的两倍。
3. 婴儿出生 4～6 个月。

通常在这三个时机，宝宝支持头部的颈部肌肉已发育良好，自己可以稳定头部，不再摇头晃脑，靠着椅子就可以坐得好，且对大人吃的食物开始感兴趣，伸手要抓，嘴巴也开始有咀嚼的动作。

Q2 宝宝多大可以开始吃辅食，是 4 个月还是 6 个月?

A 关于宝宝多大开始吃辅食，在不同年代有不同的建议。

* 1960 年代：宝宝平均在 2 个月大时开始接触辅食。
* 1970 年代：建议辅食应该延后至 4 个月大以后。
* 1990 年代：建议 6 个月大以后开始接触辅食。
* 2000 年：建议一些高过敏食物，如鱼、蛋、海鲜等延后至 1 岁以后吃，花生延后至 3 岁。

*近期：近来的研究发现，延迟添加辅食不但无法降低日后发生过敏的概率，事实上反而可能增加过敏倾向。

台湾儿科医学会婴儿哺育委员会根据目前已有的实证研究，并参考台湾地区的情况，建议婴儿在 4～6 个月大时可以添加辅食，同时建议 4 个月以后仍然纯母乳喂养者，要适当补充铁剂，直到开始添加固体食物。

由于母乳喂养的宝宝体内铁的储存在 4～6 个月大以后就渐渐不够，所以宝宝的第一份辅食应该选择富含铁的食物。肉类是很好的选择，尤其是红肉，如牛肉泥等，而含铁量颇丰的猪肝泥也是很好的选择。事实上，肉类含有高质量的蛋白质、铁、锌，比起谷类、水果或者蔬菜更能提供较高的营养价值，是很好的辅食制作食材。

Q3 宝宝 1 岁前吃肉类会造成肠胃负担过大，是真的吗？

A 从营养学及发育角度来说，掌管消化大计的胰脏在 4～6 个月大才慢慢成熟，因此含淀粉、蛋白质、动物性脂肪较多的食物如谷类、肉类，应在宝宝 4～6 个月大之后逐渐加入为宜。

根据中国台湾地区的“卫生署”提供的婴儿期饮食建议，宝宝在 6 个月大后皆可吃肉类；而美国儿科医学会则建议，父母可以在宝宝 4～6 个月大时提供肉类食品，目前并无 1 岁以前不能吃肉（包括鱼肉）的医学证据。

Q4 4 个月大宝宝的奶量开始减少，是不是处于厌奶期？

A 4 个月大时，宝宝的脖子已较有力，可以直立、任意转动，而且能看得较远，这时候，“吃”对于好奇宝宝不再有吸引力，取而代之的是周围新奇的事物，因此吃奶时很容易分心。

再加上这时候的主食是母乳或婴儿配方，所以就容易厌奶。这种情形，有些宝宝会提早到 3 个月。厌奶的宝宝若是活动力佳，父母可以不用太担心，有些宝宝虽然吃得少但吸收好，所以生长曲线正常。

对于活动量大又不肯专心喝奶或进食的好奇宝宝，可以采取以下方法：

* 以少量多餐的方式供给。
* 喂奶时选择安静的房间，不要有人在旁边走动，将灯光调至稍暗、微黄，让宝宝专心喝奶。
* 避免强迫喂食。

若是宝宝有严重厌奶的情形，长期下来可能会影响其生长发育，造成生长迟缓，可以与儿科医生讨论是否需添加其他营养品，或使用药物治疗，以促进食欲。

Q5 宝宝如果厌奶严重，需要提早吃辅食吗?

A 如果厌奶严重影响生长发育，造成生长迟缓，必须就医找出原因，而非直接提早吃辅食。宝宝胰脏的功能要到 4～6 个月大才会成熟，太早（4 个月前）添加辅食会增加肠胃负担，也无法消化；同时近来研究也发现，宝宝在 4 个月大前加入辅食，除了会增加过敏的机会，也会增加日后肥胖的机会。

宝宝吃了辅食后喝奶量会稍微减少，至于减少的多寡会因人而异。我们只要记得 1 岁以前的营养来源还是应以配方奶或母乳为主，不可以只吃辅食而不吃奶。

Q6 宝宝吃辅食超过建议量，会出现什么问题？

1 岁以前宝宝主食应以奶类为主，辅食的提供应以多样化、适量为原则，不要影响正常的喝奶量（约 540 ～ 660 毫升），若偶尔超过建议量也无妨。

但若只吃辅食而不喝奶，那就本末倒置，可能会出现营养不均衡的问题。如果宝宝严重厌奶而其他辅食照吃，那么可以在宝宝饿的时候只给奶，不给辅食，必要时可以请医生协助。

Q7 宝宝不愿意吃辅食只想喝奶怎么办？

* 当宝宝饿的时候可以先喂辅食。
* 添加辅食从少量、稀开始，不要要求宝宝全部吃完，吃多少算多少，等到宝宝适应食物的味道时，再逐次增加量和浓度。
* 刚开始吃婴儿米粉，可以用习惯的母乳或配方奶冲调；对于排斥的辅食也可以少量混杂在喜欢吃的辅食中喂食。
* 对于看到妈妈就要吃母乳不肯吃辅食的宝宝，喂食辅食时则由他人代劳，不要让宝宝看到妈妈。

Q8 米糊及麦糊怎么添加？是否可用白粥取代？

婴儿米粉或麦粉用开水调成糊状，以汤匙喂食。4 ～ 6 个月大时，从刚开始一天 1 汤匙（15 毫升）逐渐增加到一天 4 汤匙。也可以将米粉加入婴儿配方奶中（冲奶的水量不变，一开始米粉与奶粉的比例为1:6，再逐渐增加到1:3），一旦宝宝可以吞咽，还是以小汤匙喂食较好，因为以汤匙喂食辅食，可以训练宝宝的咀嚼功能，不至于日后偏食，对日后的语言发展及脸型也有正向的帮助。

此外，要提醒家长，刚开始时不宜以粥取代米、麦糊，需待添加肉类后才可以，因为刚开始添加辅食时，应先以含铁的食物为首选，含铁的米、麦糊较佳。

Q9 婴儿米粉太贵，是否可用米麸取代？

A 米麸指的是一般的米磨成粉状，而市场上销售的婴儿米粉是经加工后再添加必需的营养成分，两者虽然都是米制品，米麸比较天然，但米粉含有比较多样的营养素，因此不能被取代。另外，米麸比较容易产生过敏反应，食用时父母需留心宝宝是否会过敏。

Q10 给宝宝选用营养丰富的糙米煮粥，会不会伤胃？

A 富含铁质的谷类食物应该指的是全谷类而非精加工后的白米，糙米的营养价值高于白米，食用不会伤胃，且是很好的煮粥材料，如制作“十倍粥”时可选用白米或糙米。糙米的营养价值较高，但比白米容易发生过敏，所以食用时需留心宝宝是否有过敏反应。

Q11 辅食要一种一种慢慢添加，还是可以多种混合起来打成泥？

A 国内外的儿科医学会都建议，添加新的辅食时，每次应只添加一种单一成分，持续食用4天至1周以上，且宝宝无异状以后，才考虑添加其他新的辅食，待尝试过4～5种不同食物后，才可混合喂食。

辅食要一种一种慢慢试的原因在于，任何一种食物都可能会造成过敏，在不清楚宝宝是否对哪一类食物过敏前，这是最安全的做法。

再者，根据心理学研究指出，婴儿开始尝试一种新食物可能需要 8 ～ 10 次的接触、品尝后才会接受，更何况多种食材混合在一起，如果宝宝不喜欢某种食材，也许连带着会影响到对其他食材的接受度。

多种食材打成泥一起给宝宝吃虽然很省事，但这仅限于宝宝尝试过每一种食材后才行。

Q12 一定要用大骨熬汤或吃仔鱼，钙质才够吗?

A 根据中国居民膳食营养素参考摄入量，6 个月至周岁前的婴儿每天大概需要摄取 400 毫克的钙，婴儿一天的奶量到 4 个月大时为最高峰，甚至可达 1000 毫升，之后因为辅食的添加，奶量会减少至 540 ～ 660 毫升。

大部分婴儿配方奶将钙含量提高至每升 420 ～ 550 毫克，比母乳中每升 280 ～ 340 毫克为高，以符合婴儿成长所需，较大婴儿配方的钙含量约为每升 800 毫克。

1000 毫升大骨汤内只有约 4 毫克钙，若汤碗的体积以 240 毫升估算，一碗大骨汤可供应的平均钙量为 9.2 毫克，远低于 240 毫升的母乳或配方奶内的钙，所以以大骨汤来补钙，是不切实际的。

至于仔鱼的钙含量确实是较多的，以 6 ～ 12 个月大宝宝的建议量一天约 1.5 份（一份约 50 克或 2 汤匙）的鱼泥来说，可以提供 150 ～ 200 毫克的钙。

影响钙吸收的因素很多，如磷、植酸、草酸的含量过多，会抑制钙在肠道吸收，而维生素 D、乳糖有助于钙的吸收。更重要的是体内钙的需求愈高，钙质吸收率自然提高。以下是常见食物钙的含量，提供给家长参考:

钙含量（钙 / 每 100 克）	食材种类
<50 毫克	猪肉、鸡肉、牛肉、白带鱼、虱目鱼、吴郭鱼、稻米、苦瓜、茄子
50 ～ 100 毫克	燕麦、菠菜、豆腐、红豆、花生、虾、牡蛎
101 ～ 200 毫克	鲍鱼、油菜、红薯叶、毛豆、豆干、蛋黄、鲜奶、香菇、杏仁
201 ～ 300 毫克	蛤蜊、黄豆、黑豆、豆皮、卷心菜、苋菜、干木耳
301 ～ 400 毫克	海藻、仔鱼、黄花菜、白芝麻
>400 毫克	黑芝麻、紫菜、小鱼干、虾米、虾仁、小鱼、奶粉

（注：花生及甲壳类较易造成过敏，父母可自己斟酌，可以先选择其他食物）

Q13 可以让宝宝尝试海鲜吗？会不会导致过敏？

A 之前许多儿科医生因担心过敏的问题而建议海鲜和蛋类 1 岁以后再吃，但最近的研究显示，延迟添加不但无法降低日后发生过敏的概率，事实上反而可能增加过敏倾向。

所以依照目前的看法，海鲜与其他辅食添加的原则应该一样，无须特别延后，但若发生过敏，应立即避免食用该类食物，并与医生讨论其他可能替代的必需营养食品。

Q14 食物原封不动地从便便中排出来，宝宝的营养够吗？

A 大便中偶尔会出现未消化的菜渣，尤其是豌豆、玉米或胡萝卜碎片，但以上的变化都是正常的，父母不用担心。重要的是要注意宝宝的奶量是否正常、添加辅食是否合适和正常的体重变化。

Q15 宝宝吃辅食后，大便有时像羊屎颗粒一样，是否正常？

A 这种情况，如果是未消化的菜渣就是正常的现象，无须担心，如果不确定可以将大便带给医生检查。

Q16 如何得知宝宝吃某样食材会过敏呢？

A 食物过敏分两大类：

＊ IgE 调控：病程迅速，引发疾病所需量较少，发作时间从几分钟到数小时，轻则出现荨

麻疹、血管性水肿（如耳朵及手肿）、呕吐、湿疹，重则发生过敏性休克，一般抽血检验过敏原（3 岁左右可检验）检测的便是此种疾病。

*非 IgE 调控：引发疾病需要长时间且需较大量地接触过敏原，病程较慢，通常需要 24 小时以上的酝酿才会有症状。此类的过敏症状很难诊断，会有腹泻、湿疹、生长迟缓、胃食道逆流等非特异性的表现，但不会引起过敏性休克。除了临床症状较难判别外，也无法以抽血检验或者用皮肤测试，只能靠食物排除与重新给予来诊断。

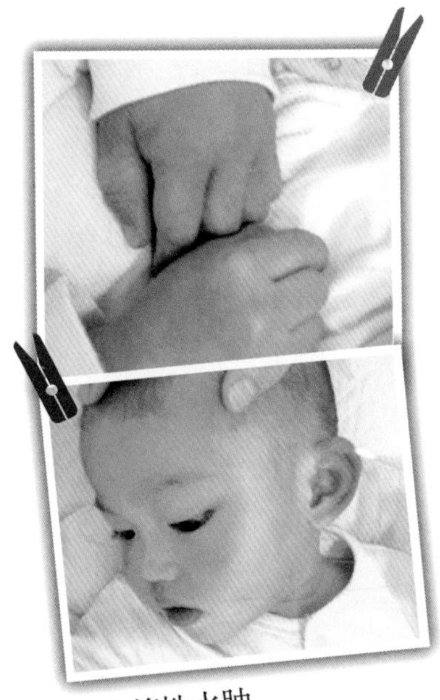

▲血管性水肿

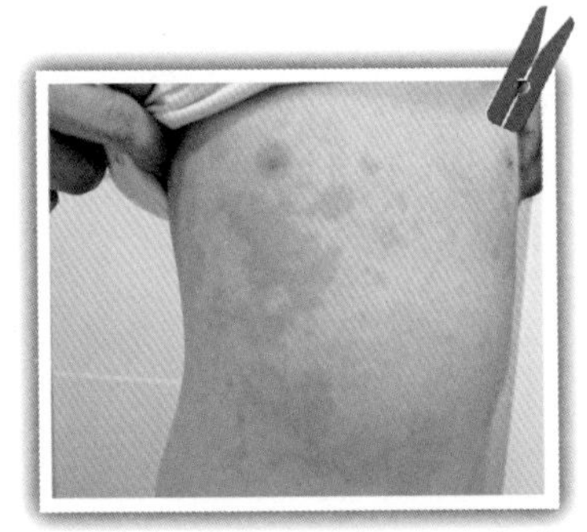

▲湿疹（形状不规则、大小不一，外观上看起来像被蚊子咬的浮肿红疹。每个区域的红疹可能只出现几个小时就会消失，但是其他区域又不停地出现新的红疹。这种疹子如果出现在眼睛周围或是嘴唇时，常常会造成很严重的浮肿）

基于以上的了解，宝宝尝试一种新的食材后，要观察 4～7 天，其间，注意宝宝皮肤是否有新的湿疹出现，以及是否出现新的肠胃症状，如拒食、哭闹不安、呕吐、腹泻等，如果有，可能是宝宝对该种食材过敏。

当然，实际临床上，医生可以“吃就发病”“停吃症状会改善”“再吃又再发病”的典型三部曲作为确定食物过敏原的依据。

Q17 宝宝吃辅食后，还需要额外补充营养品吗？

A 如果宝宝奶量正常、生长发育也符合自己的标准，同时按照正常添加辅食的准则给予适当的辅食，不需要额外补充营养品。

营养品不是多就好，例如，添加过多的钙反而会超过身体的利用率，多余的钙会从肾脏排泄，易产生“高钙尿症”，且增加了患肾结石的机会。

市场上的婴幼儿营养补充品需要谨慎使用，可以先请教儿科专业医生。在补充前一定要了解宝宝的健康和生长状态，并充分了解产品内容，才能为宝宝的健康做最好的把关。

Q18 宝宝可以喝豆浆吗？

A 婴儿前几个月以母乳为最佳营养来源是毋庸置疑的。无法母乳喂养的新生儿，唯一的替代品是婴儿配方奶，这是儿科医生与营养学者们的共识。至于其他非婴儿配方的食品，是不能当婴儿主食的，但可以在较大婴儿阶段（6～12个月大）作为营养添加品，以此原则，6个月大后宝宝当然可以喝豆浆。

笔记栏

爸妈的第3个为什么？

怎么睡才能一夜好眠？

宝宝返家之后，最让爸妈伤脑筋的就是日夜颠倒及不规律的睡眠，到底怎么做才能让宝宝睡过整夜，全家一夜好眠？营造良好的睡眠仪式很重要喔！

宝宝的睡眠以浅眠居多

每个人在睡眠当中，都经历了两种不同形式的睡眠阶段，而这两种形式交互进行着。这两种形式分别称为“熟睡期”和“浅睡期”。

对大人来说，完整的睡眠时段（包括熟睡期和浅睡期轮流交替）约需 90 ～ 100 分钟；婴儿的周期就短得多，大约只有 50 分钟。同时，大人的睡眠时间有 80% 属于熟睡状态，20% 属于浅眠。

然而，**婴儿大约有一半的睡眠时间属于浅睡**，尤其是新生儿通常都睡得很浅，只有 20% ～ 30% 的时间是熟睡。所以，婴儿比较容易受到内在与外来刺激干扰而醒来，像是胀气、肠道蠕动或周围的声响等。

婴儿并不是与生俱来就有和大人一样的生活节奏，**他们要到 6 个月大以后才有规律的睡眠周期**。随着年龄增加，每天整体睡眠时间缩短，睡眠周期延长，浅睡期相对减少，夜间睡眠时间延长和昼夜节律形成。然而，所有婴儿的需求都不相同，有些宝宝睡得多，有些睡得比较少，睡眠时间比较零碎。

3 种不同类型的新生儿

每个宝宝生来都有与众不同的特质，曾经，国外的两位学者通过 30 年的追踪研究，将新生儿性格分成以下 3 种类型：

* 第一类为“难缠儿”：这种宝宝脾气倔强，不易适应环境，吃睡相对没有规则，遇到

挫折容易大哭大闹，有时我在门诊会戏称这种宝宝为“讨债儿”。

* 第二类为“易养儿”：个性温顺，容易适应环境，吃睡规则，父母都不用担心，我称这种宝宝为“感恩儿”。
* 第三类为“意兴阑珊儿”：个性腼腆，不容易适应环境，遇到挫折易退缩畏怯，但吃睡不会像“难缠儿”般令父母烦恼。

0～12个月宝宝的睡眠差异

以睡眠量来说，依月龄不同也有差异：

* 新生儿：一天平均总共约睡20小时，睡眠次数不定，白天睡眠和晚上睡眠时间各半。
* 2～5个月大时：一天总共睡15～18小时，睡眠次数不定。
* 6～12个月大时：一天总共睡14～16小时，睡眠次数为2～4次。

宝宝的睡眠Q&A

Q1 宝宝为什么半夜不睡觉，早上才睡?

A 父母最怕碰到日夜颠倒的婴儿，白天工作已经够累，晚上还要陪一个不睡觉的婴儿，与他“奋战”。解决这个问题之前，必须先了解宝宝为什么会“日夜颠倒”。

“日夜颠倒”的情形最常见于出生1个月以内的新生儿。宝宝在出生以前，在妈妈的肚子里没有白天与夜晚的区别，但是出生后马上就面临了昼夜的问题。在子宫内，妈妈白天工作的时候，他是睡着的，而在晚上，他则是醒着的，所以一出生时还搞不清楚状况的宝宝就会日夜颠倒，这种情形需要一段时间（约 3 ～ 4 个月）才能适应。

Q2 新生宝宝很容易被自己的手吓到，是否该用包巾包起来？

A 出生时新生儿宝宝因为神经发育尚未成熟的关系，会有许多原始反射，“惊吓反射”就是其中之一。典型的“惊吓反射”是受到周围声响或突然改变身体位置而引发手臂外展、手指张开，之后双臂互抱类似惊吓的反应。

有些宝宝常因为身体移动或噪音引起“惊吓反射”惊醒而哭，对于这类宝宝，睡觉时可以用包巾将宝宝包住，也就是抑制此种反射，宝宝就不会惊醒了。

“惊吓反射”对于新生儿而言是正常的，如果没有常常因为此反射而惊醒，平时就不需要用包巾把宝宝全身包起来。“惊吓反射”在 1 个月大时最明显，一般于 5 ～ 6 个月大时消失。

Q3 宝宝半夜很容易被惊醒，怎么办？

A 一个睡眠周期包括熟睡和浅睡，两者交替进行。只是大人在深睡与浅睡转换之间，不容易清醒。

但宝宝转换的速度就不如大人迅速了，浅睡时会有许多面部表情，如睁眼、微笑、皱眉、发出哼哼声，或伸展四肢、翻身等，这些动作大多是无意义的，是一种正常的现象，但不知情的父母往往认为这是宝宝睡眠不安或身体不适，并采取过分照顾的动作，如抱起来拍摇，这样反而打扰了宝宝的美梦，造成真的醒过来。

因此，若无其他生理因素，可以静静等待 5 分钟以上，看看他是否会自己又再睡着，切勿马上打断宝宝睡眠，让他学习如何在深浅眠中转换，学习睡饱。

6个月以前，半夜醒来1～2次是正常的，但若6个月大以后半夜还醒来2～3次，可能就有些睡眠障碍，需要调整作息，将宝宝的生理时钟引入正轨。

Q4 宝宝喜欢被抱着入眠，这样是否会养成习惯?

A 如果宝宝长时间习惯被某种方式安抚入睡，当夜间醒来时就会想要用同样的方式入睡，这就是“睡前仪式”。例如，婴儿睡前是以被抱、轻摇或喂奶的方式哄睡，当他醒来时发现在床上，就会发出声音或以哭的方式要求照顾者再哄他入睡，也就是宝宝一定要再抱、再摇或再喂奶才能入睡。

对于这种情形，从白天开始，照顾者可以将快要入睡的宝宝放在小床上，养成他自己入睡的习惯。如果他哭闹，可在床边用语言和表情给予安慰，如果无效，要让宝宝哭一会儿，再抱起来安慰；如果放下又哭，那么应延长第二次让他哭的时间，等久一些再抱起；之后逐渐延长时间再抱，这样坚持2～3天，他就会自己入睡了。

Q5 该如何矫正宝宝的生理时钟，让他不再日夜颠倒?

A 人之所以会有昼夜节律是因为眼睛的视网膜内有感光细胞联系着大脑，负责调控生理时钟，知道什么时候是白天（该清醒），什么时候是晚上（该睡觉）。为了矫正宝宝的生理时钟，可以这样做：

白天可以这样做

1. 不要把宝宝包得紧紧的，尽量让手脚露出来，这会让他清醒的时间变多。

2. 把婴儿床移到明亮的窗户旁边，让宝宝感受白天的光线，让大脑了解白天的存在。
3. 避免环境中有一些固定、单调、会让宝宝想睡的背景音乐。
4. 在喂奶、换尿不湿时与宝宝多一些互动，常常逗孩子玩，让他们在游戏中得到适当的运动。

傍晚可以这样做

尽量让宝宝清醒和尽可能地喂食，不要再让他们小睡。

晚上可以这样做

1. 用毯子包着宝宝产生安全感。
2. 对于无法入睡的宝宝，可以尝试放在安全座椅内帮忙入睡。
3. 晚上时灯光不要太亮，尤其避免头顶灯。
4. 入睡前让宝宝听一些单调、固定的音乐，或洗澡。
5. 当宝宝在怀中睡着之后，要将宝宝放回床上，并确定宝宝不会接触到冰冷的物品，以免惊醒。

Q6 听说让宝宝哭几天，就可以睡整觉，真的吗？

A 前几个月大的宝宝哭，他是想告诉你“有事要发生”，千万不要放着不管，至于哭的原因可以是生理的、心理的，甚至是生病。

许多书告诉大人，**宝宝哭闹时不要抱**，以免以后宝宝都靠这一招，其实这应该**适用于较大的宝宝**（如6～9个月大以后），且应先确定有无其他原因。许多研究显示，一直让宝宝哭泣放任不管，并不会使得宝宝日后哭泣次数减少。（待宝宝6个月大左右，爸妈可以尝试Q5及Q12的建议方法。）

Q7 宝宝多大时可以戒掉夜奶?

A 父母先要有概念，不能期待婴儿一下子就和大人一样有着同步的睡眠周期。许多父母认为，宝宝 4 个月大以后就可以戒掉夜奶，一觉到天亮，然而实际上，只有喝配方奶的宝宝才有可能做到。

喝配方奶的宝宝和喂母乳的宝宝其睡眠周期是相当不同的，因为配方奶相对于母乳不好消化，所以可以较长时间才喂奶，宝宝也能较早戒掉夜奶。

一般而言，宝宝 6 个月以后，可以尝试固定的睡眠仪式（详见 Q12、P88），慢慢戒掉夜奶，但是每个宝宝还是有年龄上的差异，不要勉强。**对于体重增加缓慢、白天吃得少的宝宝，不建议太早戒掉夜奶。**

Q8 宝宝可以趴睡吗？是否会影响头型?

A 目前已知趴睡是婴儿猝死症的危险因子之一，美国儿科学会自从在 1992 年提出 1 岁以下婴儿须仰睡的建议后，10 年之中婴儿猝死症发生率就已降了 53%。

婴儿猝死症是指 1 岁以下婴儿发生突然且无法预期的死亡，即使在事后的尸体解剖检查、详细回顾临床病史和死亡过程中，也找不到其真正致死的原因。它很少发生于满月前，高峰期出现于 2 ～ 3 个月大时。

许多父母会让婴儿采取趴睡的最大原因是担心头型会睡扁，其实可以利用一些小技巧，以减少扁头的概率。例如：

＊为了减轻醒着仰躺造成后头部的压力，可以让他们趴一段时间，同时这个姿势可以帮

助上半身肌肉动作的发展。

*每日变换睡觉的方向，或者让宝宝趴在爸妈身上睡，都可以让头型好看一些。

有些父母会使用婴儿枕或侧睡枕来固定宝宝的头型，其实在婴儿前几个月大时，连侧睡都是不建议的，而美国儿科医学会也**不建议用婴儿枕**，因为这些都是造成婴儿猝死症的危险因子之一。为了避免发生悲剧，再怎么样也不要让婴儿趴睡。

Q9 宝宝睡觉超过吃奶时间，是否该把他叫醒？

A 满月前，在妈妈奶水尚未达到供需平衡前，白天若超过 3 小时，就要摇醒宝宝喂奶，晚上如果超过 4 小时，也要摇醒喂奶；满月后，如果宝宝体重增加良好，可依宝宝的需要喂奶，不一定要吵醒宝宝。

Q10 宝宝睡眠很短暂，会不会影响脑部发育？

A 婴儿的睡眠周期本来就比大人来得短，且浅睡期较多，这是有其生存与发展的理由的，浅睡可以让婴儿在不舒服时、有需求要被满足或有威胁情境，如冷了、饿了、不舒服或疼痛等中苏醒，进而向外求援。

婴儿愈小，大脑发育愈快，需要的睡眠时间愈多。虽然婴儿睡眠发展的变化和大脑发育有密切关系，但不同的婴儿睡眠时间有很大的个体差异。如果宝宝不能睡这么多时间，但在醒时精神很好，那么就不用担心，因为正常的婴儿，他困了自然会睡。相反的，有的父母怕孩子睡眠过多，其实只要宝宝觉醒时反应灵敏，没有异常行为表现，也不用过度忧虑。

Q11 宝宝本来可以睡整觉，但最近晚上又频频醒来，是不舒服吗？

A 在成长快速期（7～10天大、2～3周大、4～6周大、3个月大、4个月大、6个月大和9个月大），宝宝的食量会增加，并借由频繁吸吮的方式要求乳房制造更多的奶水，待2～3天后（有时要1周）奶水量分泌增加，宝宝醒来吸奶的频率又会恢复原来的习惯。

另外，有些原因也会增加宝宝夜间醒来的机会，如长牙期牙龈肿胀造成的不舒服、过敏、鼻塞、中耳炎、成长期脑部活动增加（如已学会发出声音、翻身或爬行的孩子）、情绪问题（如没有安全感）等。

若排除一些生理的问题，妈妈可以想一下最近有哪些状况影响了自己的情绪，有些妈妈的经验是：当她心情不好、和家人关系紧张时也会影响宝宝，使宝宝的安全感受到影响，因此会借多喝奶的方式来安抚自己，以确定自己和妈妈的关系是紧密的。

Q12 如何营造睡前仪式，才能让宝宝一觉到天亮？

A 成人半夜也会醒来，但是我们会继续入睡，如果半夜醒来时周围的环境与入睡时不同，我们也会无法入睡，宝宝也是一样。所以宝宝入睡的情境应该和他半夜醒过来所处的情境相同，他才容易入睡，这就是“睡前仪式”。

如果宝宝是被抱着入睡的，那么晚上醒来时，宝宝也会要求抱着入睡。为了让宝宝半夜能够自己入睡、不打扰父母，营造良好的睡前仪式是很重要的。

父母可以先观察宝宝的睡眠习惯，**在宝宝入睡前 20～30 分钟，先洗澡、按摩、喂奶吃饱、洁牙、说故事、听音乐等，养成一套固定的睡前仪式**，当宝宝很想睡但还未睡着时，把他放在你希望让他睡觉的地方，然后温和且坚定地与宝宝说晚安后离开。

如果宝宝仍然抗拒哭闹不肯睡觉，有可能他还不是很想睡，父母可以将睡前仪式时间稍微延后些。如果父母选择的时间合适，其实宝宝应该很容易睡着。

其他让宝宝夜间好眠的方法包括：

* 睡前 2 小时尽量让宝宝安静，只做一些静态的活动。
* 昏暗的灯光、柔和的音乐、舒适的室温（大约 26～28℃），都可以加强宝宝的睡意。
* 在睡前洗温水澡，做婴儿按摩帮助入睡。
* 白天睡眠时间不宜过多，尤其是接近傍晚时。
* 与宝宝共睡在同一卧室，但不要睡在同一张床上，婴儿床最好在父母伸手可及之处。与宝宝共睡在同一卧室，有助于喂母乳的妈妈晚上方便喂奶，尤其是对于头几个月大需要夜奶的宝宝。至于已不需要夜奶或较大的婴儿如 9 个月大后，则可分房睡较不会干扰彼此。

爸妈的第4个为什么？

怎么顺利安抚哭闹中的宝宝？

哭闹中的宝宝常让新手爸妈很头痛。宝宝为什么哭个不停，该怎么安抚才有效？事实上，哭是宝宝表达自己的方式，爸爸妈妈不要太紧张了！

出生后前 3 个月是宝宝哭泣的高峰期

在不会说话表达前，哭泣是婴儿跟外界的主要沟通工具。曾经有学者研究发现，婴儿时期一天平均要哭 30 分钟到 2 个小时，而在 2 岁以前，大概会经历 4000 次哭泣。

哭闹量从出生之后开始增加，在 2～3 个月大时到达高峰期，之后逐步减少。但正如身高、体重、睡眠量一样，每个宝宝的哭泣量还是有个体差异的，例如：同样年纪的宝宝，一个一天可能只哭 1 小时，但另一个可能哭泣长达 5 小时。

宝宝哭泣的 7 个特色

一般婴儿哭泣有几个特色，常让爸妈手足无措，搞不清楚宝宝为什么哭。

* 因为生理变化成熟之故，在出生后前 3 个月是哭泣的高峰期。
* 一天可以哭泣 5 个小时以上也不会累。
* 婴儿的哭泣来去一阵风，无法预期什么时候会发生，有时也找不出原因。
* 尽管用尽了各种方法，家长有时还是束手无策。
* 即使他们不是真的痛，但看起来好像真的就是痛得要命。
* 在傍晚和夜晚时，哭的次数特别多。
* 基本上，若安抚就会停的，大多都是没事的，若一直哭闹不停（持续约 30 分钟），仍无法安抚，就必须寻求外援了，如换人抱（或是就医）。

一般婴儿哭泣很少超过半个小时，只要爸妈安抚就会停止，除非是肠绞痛所引起的，即便如此，一次也不会超过 10 分钟。不过婴儿在大哭的时候，父母会觉得时间过得特别慢。

安抚宝宝的 8 种有效方法

对于正在哭泣的宝宝，先排除饥饿、尿布湿了、温度不适或生病等因素，若都不是，可尝试下列做法：

1. 将宝宝抱在怀中或摇椅中摇摆，或将宝宝放在婴儿车中走动。
2. 轻触（抚摸）宝宝头部或轻拍背部或胸部。
3. 将宝宝用布或袋子（背巾）包在成人身上。
4. 给宝宝唱歌、说话、播放轻音乐。
5. 让宝宝坐在婴儿车中。
6. 让宝宝听规律性的声音与震动。
7. 拍背让宝宝打嗝。
8. 给宝宝泡温水浴。

如果上述的方法都无效，最好且最简单的方法就只好让宝宝哭一会儿。很多宝宝几乎睡觉前都会哭，而且只要哭一会儿、够累，很快就会入睡，因此爸妈不要担心。

宝宝的哭闹 Q&A

Q1 宝宝经常哭闹，他到底想要做什么？

A 哭是宝宝跟外界沟通的主要工具，这可以引起外界对他的注意。宝宝哭闹常见于下列几种原因：

❶ 生理因素：肚子饿，吃太饱，想睡，环境太冷或太热，包太紧，尿布湿了。
❷ 心理因素：太累，生气，发牢骚，分离焦虑，家庭气氛紧张。
❸ 成长发育变化：肠绞痛，长牙。
❹ 生病：感冒，鼻塞。

宝宝哭闹基本上经安抚就会停止，大多都没事，若一直哭闹无法安抚，就必须寻求外援。

Q2 听说“收惊”后宝宝会比较好带，是真的吗？

A 正如之前所述，出生后 3 个月内是宝宝哭泣量的最高峰，大部分的宝宝只要获得满足感就可以停止哭泣，但仍有宝宝不明就里地哭，虽然这是正常现象，但也常让新手父母不知所措。

此时有些父母会采取民间习俗——“收惊”的方式处理，但此种方法由于缺乏科学根据，无法评估效果。

Q3 宝宝一哭就抱，会不会变成习惯？

A 对于哭泣中的宝宝给予立即的安抚，如抱抱、拍拍、出声等，确实可以减少宝宝的焦虑，减少日后哭泣的次数。但若需要一直抱着甚至走动才能入睡，久而久之，醒来时孩子还会想要同样的方式才能入睡，这种已养成的“睡前仪式”确实不好。

对于这种情形，建议可以从白天开始改善，将快要入睡的宝宝放在小床上，养成他自己入睡的习惯（睡眠习惯的养成请参见P88）。如果他哭闹，可在床边用语言和表情给予安慰，如果无效，让宝宝哭一会儿（5～10分钟），再抱起来安慰，并逐次延长抱起来安慰的时间。

Q4 让哭泣的宝宝睡摇床好吗？

A 慢慢摇晃，这种缓和且规律的速度会让宝宝感觉如同在羊水中一样，这种舒适安定的感觉可以让宝宝愉快地入睡。但是婴儿的脑血管相当脆弱，若短时间内快速猛烈摇晃婴儿或以抛接方式与婴儿玩耍，很容易造成颅内出血或脑部不同程度的伤害，产生婴儿摇晃症候群。

Q5 宝宝为什么会夜啼，是肠绞痛吗？

A 婴儿大多选择在傍晚或夜间的时候哭，排除一些生理因素，最常见的夜啼原因就是让父母不知所措的“婴儿肠绞痛”。

婴儿肠绞痛常发生在出生后1～2个月大的婴儿，发作的时间有两个高峰，即傍晚4:00～8:00及半夜零时前后。发作时宝宝会哭得很大声，肚子胀胀的、鼓鼓的，躁动到几乎无法安抚，而这些表现可能会持续数小时之久。

还好这个症状多半在婴儿三四个月大后就会逐渐缓解，但仍然有30%的婴儿会持续到4～5个月大，而1%的会持续到7～8个月大。

发生婴儿肠绞痛的原因不明，可能是多重因素造成的，如肠道神经发育未健全、喂食不当、牛奶蛋白过敏、乳糖不耐受、喷乳反射太强等引起肠痉挛。

对于这类宝宝，父母的安抚是最有效的治疗方法，立即对婴儿哭泣做出反应，会使得婴儿哭泣次数减少，最重要的是需要父母的耐心与爱心来度过这个“新生训练”期。

Q6 宝宝睡觉时一直被自己吓醒，怎么办？

A 出生时宝宝因为神经发育尚未成熟的关系，会有许多原始反射，惊吓反射就是其中之一。典型的惊吓反射为大声或突然改变头的位置引发的手臂外展、手指张开，而后双臂互抱类似惊吓的反应，这些都是正常的反应。

惊吓反射在1个月大时最为明显，一般于5～6个月大时消失。若宝宝常因为身体移动或噪音引起惊吓反射惊醒而哭，睡觉时可以用包巾将宝宝包住，也就是抑制此种反射，宝宝自然就不会惊醒了。

需要注意的是，若宝宝无此反射可能为严重中枢神经病变；若上肢呈不对称反应，可能为臂神经丛损伤或锁骨骨折。若此反射在6个月大后还存在，也要考虑有神经损伤，皆应就医诊治。

Q7 发现宝宝的手脚有时会抖动，是什么原因？

A 刚出生或年幼的宝宝，常见手脚有不自主的抖动，尤其在哭泣或四肢伸直时，父母们常会担心是否为癫痫或抽筋的现象。其实这是因为婴幼儿神经系统的功能尚未发展成熟，神经对肌肉的支配控制不完全所致，属于婴幼儿正常的表现。

只要肢体抖动是短暂（约几秒钟）而全身性的，同时意识清楚，眼球活动正常，肢体抽动的屈曲与伸展快慢、幅度一样即可视为正常。

若宝宝发生手脚抖动，父母可以轻握住宝宝的手脚，将抖动的肢体弯曲就可以使抖动停止，但若抖动仍持续，就要立刻看医生。

Q8 在宝宝哭泣时要采用不理睬他的方式，直至他停止哭泣吗？

A 宝宝哭泣有许多原因，是生理问题还是生病了必须先搞清楚。许多研究显示，立即对婴儿哭泣做出反应（如安抚，不一定是立即抱起），会使得日后婴儿哭泣次数减少；而有人认为过度安抚会宠坏婴儿，这种说法并无有效根据。

Q9 是否有可以分辨宝宝哭声所代表意义的方法？

A 只要注意聆听宝宝的哭声，新手父母应该很快能分辨其所代表的意义。例如：

* 饥饿的哭声：通常是短而低频，而且有起伏。
* 生气的哭声：倾向是较混乱、一波接着一波的。
* 撒娇的假哭：通常是极度气愤或激动，挥舞四肢大哭或者有哭声但没眼泪，加上揉眼、扁嘴等动作。
* 痛、沮丧、不舒服的哭声：一般是突然、大声、长时间、高频率地尖叫，之后停一阵子然后再号哭。

有时不同形态的哭声可能混杂在一起，例如，宝宝饿了会哭是要喝奶，如果父母没有快速地做反应，哭声就会夹杂着不高兴的声音而有所不同，所以**处理婴儿哭泣最好的方法就是适当地对宝宝哭泣做出反应，而不是放任他哭。**

Q10 宝宝经常一生气就哭到发抖、喘不过气是正常现象吗?

A 这种哭到发抖或后仰的小孩，常见于6个月至2岁的年龄阶段，接近2岁是高峰期，在5岁之后少见。这是婴幼儿常用来表达其愤怒、有口难言，发泄不满情绪，或为引起大人注意，试图控制环境或照顾者所产生的状况，发作时间从数秒到数十秒钟不等。临床上分为发绀型和发白型两种。

* **发绀型：** 较为常见，当宝宝情绪受到刺激、要求得不到满足或生气时，在剧烈的哭泣后，突然停住了呼吸，数十秒钟之后，全身尤其是嘴唇出现蓝紫色并失去知觉，心跳变慢，身体软弱无力，甚至僵直不动，有时还可见到全身性阵挛性抽搐的动作，一旦再次出现哭声，所有的症状即逐渐消失。
* **发白型：** 当小孩跌倒、头部受到撞击产生惊吓或疼痛感后，接着停止呼吸、脸色发白，失去知觉和肌肉张力，有时可见到强直性的抽搐。

这种“婴儿屏息症”的真正机制尚未完全被了解，但“婴儿屏息症”的预后很好，虽然它有时会发生癫痫的症状，但没有数据显示它会造成日后癫痫或引起智力不足，一般而言，这种现象在学龄前都会消失痊愈。

当发生“婴儿屏息症”时，父母莫惊慌，因为**这对宝宝是无害的，不需做拍打或急救的动**

作，因为这个症状自然会停止，此时家长所能做的就是注意宝宝的安全而已，事后，对待宝宝不要采取惩罚或奖励的行为。

Q11 婴儿一直哭会不会造成疝气?

A 婴幼儿的疝气不管是脐疝还是腹股沟疝，都是出生时本来就存在的，只是被发现的时间早晚而已，当腹压增加，例如哭声越来越大时，疝气就容易被父母发现。哭本身并不会让一个没有疝气的婴儿出现疝气。

爸妈的第5个为什么？

居家环境怎么营造才舒适？

宝宝的体温较易受环境影响，所以营造适合的居住环境就显得格外重要。此外，穿着吸汗的棉质衣服，也会让宝宝感觉舒适。

宝宝适合的环境温度为 25 ～ 28℃

婴幼儿皮肤调节能力较差，易出汗、易受环境温度影响而改变其体温。同时，婴儿在适宜的温度下，能降低为了维持体温而丧失的能量，并将吸收的食物热量转化为成长所需。因此，调整适宜的温度对婴儿是很重要的。许多研究指出，**环境太热是造成婴儿猝死症的危险因子之一**，因此必须要多加留意。

一般来说，室内温度以维持在 25 ～ 28℃，并保持空气流通最适合。如果有湿度控制，也最好能在 50% ～ 60%。当然，冷气不宜直吹婴儿。

宝宝的衣着应以棉质为佳

婴幼儿皮肤的表面积较小，但汗腺和成人一样多，其单位面积的汗腺密度是成人的 7 倍，加上基础代谢率较快，所以发汗量是成人的 2 ～ 3 倍。

再者，3 岁前，婴幼儿的皮肤未发育完全，虽然含水量较多，但皮肤间隙较大，屏障功能差，而且皮肤的厚度大约只有成人的 1/3 ～ 1/2，所以体内的水分容易流失。如果没有适度穿着，造成身体过热或过冷，皮肤容易出现问题或感到极度不舒服，因此父母必须要多花心思。

婴儿很容易流汗，内衣的材质以轻软、易吸汗的棉质为佳，如此也利于婴儿活动。外衣则以婴儿能够自由活动为主。

根据经验法则，在夏天，宝宝比大人少穿一件衣服即可，在冬天，比大人多穿一件，同时要确保宝宝不会因此而过热。

婴儿的穿衣参考建议表	来源：早产儿居家照顾手册
室温	所需衣物
27℃以上	一件上衣 + 尿裤
24～27℃	一件上衣 + 一件薄外套
22～24℃	一件纱布衣 + 一件棉衣 + 一件长外袍
22℃以下	一件纱布衣 + 一件棉衣 + 一件长外袍 + 一件毛毯 + 一顶帽子

宝宝的生活 Q&A

Q1 医院婴儿室的婴儿都只穿一件纱布衣，不会太凉吗？

A 在婴儿室内宝宝虽然只穿了一件纱布衣，但外面包着一条包巾，同时护理师会定期测量宝宝的体温，避免过热或过冷，因此不易感冒。

反观在家里，宝宝在夏天时，比大人少穿一件衣服即可；冬天时，则比大人多穿一件，若不知是否穿得太少，只要摸宝宝的鼻尖和四肢，感觉温暖，而宝宝的**脖子、后背、头发不会一直出汗且情绪良好，即是适当的穿着。**

反之，若两颊涨红、身上出汗且躁动，表示穿得太多了；脸色苍白、嘴唇暗沉且四肢冰冷，没有活动力，表示穿得太少了。

Q2 宝宝一定要穿纱布衣吗？手需要用手套包起来吗？

A 宝宝不一定要穿纱布衣，许多妈妈让宝宝穿纱布衣的目的只是因为其穿脱较容易、洗澡较方便、通风，并能保护宝宝的皮肤。手也不一定要戴手套，但如果担心宝宝的指甲划伤脸，戴着也无妨。

Q3 夏天宝宝一直流汗，需要整天开空调吗？

A 宝宝一直流汗不外乎有两种原因：

❶ 太热（衣物过多或过厚）

婴幼儿时期的宝宝，由于代谢旺盛、活动量大，皮肤含水量相对比成人高，加上皮肤的微血管分布较多，若爸妈因为怕宝宝着凉而给他穿太多衣服、盖过厚的被子，就可能导致宝宝多汗。如果已经穿得不能再少了还是流汗，就可以考虑开空调。

❷ 入睡后多汗

汗腺分泌汗液受交感神经控制，出汗量与汗腺发育情形和交感神经的敏感性有关。宝宝由于神经系统发育尚不完善，大脑皮质对交感神经的抑制功能差，即使在晚上睡觉时，交感神经依然处于兴奋状态，故在晚上入睡后往往会出现多汗的情况，不见得是过热。

这种出汗仅限于头颈部，尤其是额部，等过 1～2 小时，宝宝深睡后，出汗自然就会消失。一般宝宝不会有其他不舒服的表现，所以爸妈不必因太过担心而急着开空调。等宝宝长大到学龄期，神经系统逐渐发育成熟，这种入睡后多汗的现象就会消失。

宝宝适合的环境温度为 25 ～ 28℃

Q4 宝宝的手脚、耳朵经常都是冰冷的，正常吗?

A 在头几个月，宝宝皮肤调节体温的能力差，若发现手脚、耳朵冰冷，先观察宝宝的活动力、脸色及唇色。若活动力减低、脸色苍白或唇色暗沉，代表宝宝可能是穿得不够或生病了，先加件衣服，等到四肢暖和了再观察其他之前伴随的症状是否消失；若没有，则要就医。反之，如果宝宝各方面都正常只是手脚有时冰冷，则不用在意。

Q5 冬天帮宝宝洗澡时很怕他着凉，要用很热的水吗?

A 为了避免冬天洗澡时着凉，爸妈可先将小澡盆、洗发液、肥皂、毛巾、浴巾、衣服等准备好，以免下水后手忙脚乱。洗澡时间最好在下午或傍晚，喝奶前半小时左右。一般水温以 37 ～ 38℃为宜。冬天可将水温提高到 40℃左右，切勿过高，下水前要先试水温。

Q6 一定要给宝宝准备专用的清洁用品来洗澡吗?

A 1 岁以前，尤其是在新生儿阶段，不用天天洗澡，一周洗 3 次就好，宝宝身上不会很脏，用清水洗就好，重点部位如生殖器官和皮肤皱褶部位要清洗干净。宝宝的皮肤很嫩，所以选择清洁用品时，应以无刺激、不含香料的为主。

当然，如果宝宝便便了，最好还是以清水洗干净，这样较不易造成红屁股。

Q7 宝宝热到长疹子了，但老人坚持要多穿怎么办?

A 两个方法:

* 一是开空调设法降低室内温度。
* 二是请老人陪同宝宝就医，让他们听听医生的意见。要视每个宝宝的状况来调整穿着，以不出汗且四肢温暖为原则。

Q8 宝宝被蚊子咬后出现肿包，是否应穿薄长袖？

A 宝宝被蚊子叮咬后，可能出现严重的红肿发炎反应，外表有如蜂窝性组织炎。被蚊虫叮咬后肿包，这是一种免疫反应，通常在同一个环境被同一种类的蚊子反复叮咬，前几次红肿的情况会比较严重，但多被叮几次后，人体就会产生耐受度，红肿的情况会变轻，所以等小孩大一点就不会那么严重了。

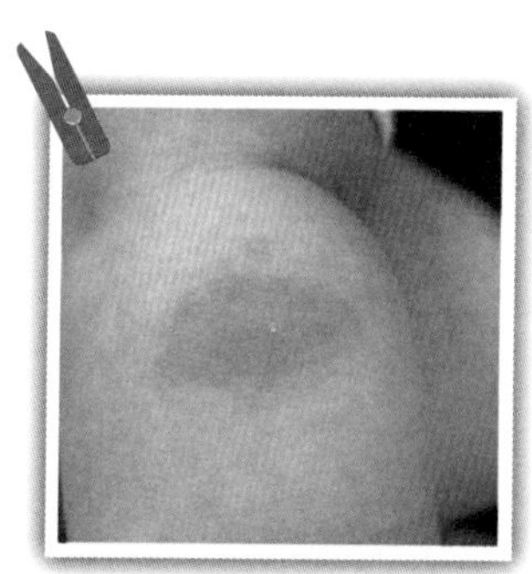

▲初次被蚊虫叮咬后的反应，可见皮肤红肿，中间有黄水泡

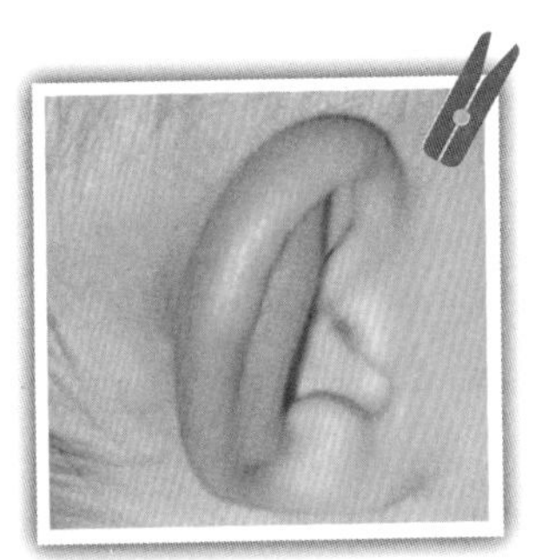

▲若叮咬在耳朵、手的部位，就可能出现血管性水肿

不过，当从没被某种蚊子叮咬过，或是体质特殊时，大人也有可能出现如此强烈的反应。要避免宝宝被蚊子叮咬，穿薄长袖是方法之一。或者也可考虑使用防蚊液或防蚊贴，稍加避免蚊虫叮咬。

Q9 宝宝出生后需要使用空气净化机维持空气质量吗？

A 过敏研究中有所谓的“卫生理论”，也就是在宝宝小时候如果接触较多的环境微生物，会刺激其免疫系统往不过敏的方向发展，且不易产生气喘等过敏性疾病。

此理论部分解释了为何愈现代化与西式化的国家，其过敏性疾病人口数不减反增的现象，但这种“卫生理论”是否完全正确尚待检验，所以并没有获得医界的共识。

目前已知引起过敏性疾病最重要的过敏原就是尘螨和霉菌，如果过敏宝宝能够减少这两种过敏原的刺激，就可以预防和减少过敏症状的发生。

空气净化器是通过过滤的方法将空气中飘散的尘螨尸体、卵及排泄物网住，从而降低人接触尘螨的机会。**所以家中如果有过敏宝宝（如已产生异位性皮肤炎），使用空气净化机是有帮助的**，但正常的宝宝或有过敏家族史但未产生过敏症状的宝宝是否需要使用空气净化机，则没有定论。

Q10 使用防尘螨产品（如寝具、吸尘器等）是否较健康？

对于过敏宝宝而言，因为尘螨是主要的过敏原，**使用防尘螨的产品可以预防和减少过敏发生的概率**，但如果不是过敏的宝宝，使不使用防尘螨产品就没差别了。

尘螨是非常微小的动物，无法用肉眼观察到，必须使用显微镜才能看见，它以霉菌、食物碎屑和人体脱落的皮屑为食。喜欢温暖潮湿的地方，家中沙发、床垫都是它的家。它的分布很普遍，繁殖又快，所以家中很难让尘螨绝迹，只是量的多寡而已，但经常采取防治措施可以降低其生存密度。

笔记栏

爸妈的第6个为什么？

宝宝的成长发育正常吗？

宝宝是家长心目中的宝贝，所以总是担心他输在起跑线上。其实宝宝的成长有他自己的步调，过分的攀比只会让父母的情绪变得太紧绷哦！

0～12个月宝宝的生理发展

宝宝不是大人的缩小版，虽然已经出生，但许多器官还未发育成熟。

宝宝出生时的生长指标与子宫环境有关，不一定表现出小孩的基因特性。在正常营养状况下，2岁以前个体会逐渐调回父母遗传基因所决定的生长状态，所以在6～18个月之前，宝宝的体重有可能跨越不同百分位区间，呈上升或下降趋势。

宝宝成长的3个指标——体重、身高、头围

一般检视宝宝的成长发育可从体重、身高、头围来看。当然，每个人的生长速度不同，应该先观察一段时间，了解宝宝的生长曲线落在哪个范围才具有参考价值。

＊体重：

第一个月时与出生相比，体重约增加1千克（吃配方奶的宝宝），而吃母乳的宝宝，最少要增加500克；前半年增加最快，每月约500～800克。

4个月时约为出生体重的2倍。

在6个月之后，体重每个月约增加400克。

1岁时约为出生体重的3倍。

＊身高：

出生时身高约为 50 厘米。

前半年每个月长高 2.5 厘米。

后半年每月长高 1.25 厘米。

＊头围：

出生时头围约 33～35 厘米。

出生后前 3 个月，每月增加 2 厘米。

3～6 个月，每月增加约 1 厘米。

6 个月大到周岁时，每月增加 0.5 厘米。

0～14 个月宝宝的视力发展

出生之后，宝宝的眼睛仍持续发育，一直到7岁才完成。由于视觉与婴幼儿的学习认知能力、人格发展与社会互动能力有关，父母应了解宝宝视力发展的特性，才能随时发现宝宝是否有异常情形出现。

新生儿：视力可见范围只有 30 厘米，只能分辨黑白明暗。

1 个月：可以短暂凝视物体。

2 个月：出现追随物体缓慢移动的能力，两眼可同时注视同一物体，不过这种能力无法持久。

3～4个月：眼睛可180°追踪移动的物体，4个月后会伸手抓取看到的东西，可分辨不同物体的大小与形状，辨认出红、黄、蓝、绿的色彩，但还只能看见眼前1尺（1尺约等于0.33米）以内的东西，此时会认出熟悉的脸，甚至会回报以有意义的微笑。

5个月：婴儿眼球内黄斑中心的发育已趋完成，能分辨人的面貌，如果不能稳定注视目标，则表示视力不佳。

6～8个月：具有三度空间的概念，可以看到房间里约3米内的东西。

8～14个月：手眼协调成熟阶段，学习用两眼判断距离，视力约为0.2～0.3。

0～12个月宝宝的神经肌肉发育

神经的发育是从头到脚，由躯干到四肢，从大肌肉到小肌肉。如果宝宝的神经肌肉没有随着年龄增长慢慢成熟，达不到90%同年龄宝宝的水平就是发展迟缓。

2～4个月：开始可以控制头部，在俯卧时可以把头抬起来。

5个月：仰卧抬头及翻身。

4～6个月：通过抓、丢、推、拉等动作逐步发展小肌肉的能力。

7～8个月：会自己坐着。

8～9个月：会爬、用双手操作玩具，会用食指、拇指抓起东西。

11个月：会自己扶着东西站起来。

12个月：会自己站或走，拇指与其他手指的运用更灵活。

宝宝的成长发育 Q&A

Q1 母乳宝宝的体重增加和母乳的质量有关吗?

A 母乳宝宝的体重 1 个月增加需超过 500 克，一个健康的妈妈，只要喂食得当，能提供宝宝 4～6 个月以前所需要的所有营养与热量。

胖不代表健康，许多证据显示，亲喂母乳是预防新生儿日后肥胖的最佳选择，因为通过亲喂的方式，宝宝能主动决定吃奶量，而不是让爸妈强迫他将奶瓶中的奶喝完。

Q2 宝宝比别人瘦小怎么办?

A 人本来就有高矮胖瘦的差异，并不是胖就是好、瘦就是差，但许多父母常常会拿自己的宝宝与其他同年龄的宝宝相比，而忘了自己的宝宝是个独立的个体。每个人都有自己的生长速率，我们应该关心的是在过去的一段时间里，宝宝是否有按照自己的生长速率在发育。

宝宝的生长与发育是动态且连续的，父母可以利用生长曲线图来观察宝宝在这段时间内动态的生长变化。在营养门诊中，常会被父母问到宝宝现在的体重正不正常，此时家长若能提供宝宝过去的生长曲线，医生便可直接做出判断。

如果宝宝发育位于小于第三个百分位（若一直维持自己的成长步调，就算一直维持在第三个百分位也算个子较娇小的正常宝宝），或者一段时间突然下降两个生长曲线，就要让儿科医生做进一步的评估，看是否有生长迟缓的现象。宝宝瘦小，不外乎下列几种原因：

*头小、个子矮、体重轻

大部分是遗传（体质），还可见于基因染色体缺陷、神经问题、先天性代谢异常、先天性感染等。

*头围正常、体重虽然较正常轻，但身高明显比人家矮一截

考虑是否有内分泌或骨骼生长异常，如侏儒症。

*头围与身高正常，但体重明显较轻

属于营养不良，主要由于摄取热量不够（如偏食、照顾者疏忽等）、消化吸收出了问题（如慢性腹泻）、一些慢性疾病消耗太多的热量（如先天性心脏病、肺结核、肾小管性酸中毒）或者热量无法供给到周边组织利用（如肝糖原累积症）。若此类型宝宝一直无法改善潜在原因，最后身高就会受到影响。

Q3 宝宝一直很胖，长大后会变成胖子吗？

A 宝宝肥胖的原因目前仍不明了，但大致上可分成外因性和内因性。

99%的肥胖属于外因性肥胖，也就是受遗传或环境因素所影响；1%的肥胖属于内因性肥胖，也就是病态性肥胖，这类肥胖与内分泌、中枢神经系统受损害或一些体畸形症候群有关。所以，如果宝宝过胖，应先去看医生找出原因。

对肥胖的预防重于治疗，小时候胖，将来长大变胖的机会增大。如何避免宝宝肥胖？婴儿期尽量亲喂母乳，若使用婴儿配方奶，**喝不完也不要强迫宝宝进食，尊重宝宝的食欲，一天不要超过 1000 毫升**；婴儿啼哭时，确定宝宝是因为肚子饿后才喂食；6 个月大前不要给宝宝喝果汁，4～6 个月后提供多样化的辅食，但应以天然、清淡食物为主而非甜食。

（注：两岁之后才有 BMI 的参考值，婴儿无法计算 BMI，所以很难定义是否肥胖，只能看生长曲线是否越来越上升）

Q4 宝宝的牙齿长得比较慢是缺钙吗?

A 目前没有证据显示补充钙质可以增加乳牙发牙的速度，乳牙在胎儿时期就开始形成，宝宝出生时，牙胚在牙床内已经做好长牙的准备，但开始长牙的时间和牙齿长全之前的速度个人差异很大，通常女孩的长牙速度比男孩快。只要宝宝有牙胚，长牙比同龄宝宝慢也没关系，父母无须过度担心，宝宝在 2 岁半至 3 岁之间，一定会将 20 颗乳牙长齐。

如果超过 1 岁半宝宝还是没长牙，可以考虑照 X 光片，以明确牙床内有无牙胚，如果有牙胚，迟早会长出牙，如果没有牙胚，就要考虑无牙畸形的问题。

超过 1 岁仍未长出第一颗乳牙，称为“乳牙晚出”。“乳牙晚出”常见的原因是患了先天性疾病，如先天性甲状腺功能不全、骨化不全症候群、维生素 D 缺乏、染色体疾病或脑下垂体疾病等。不过，通常这些宝宝除了牙齿之外，还会出现其他临床现象。

所以，如果宝宝发育、发展正常，没有特别的疾病，即使长牙晚些也不必担心。

Q5 什么时候要开始帮宝宝清洁口腔?

* 还没长牙时：父母可以用干净的纱布或指套帮宝宝清洁牙龈及口腔，先让宝宝熟悉清洁口腔的动作及减少发生鹅口疮的机会。
* 长门牙后：可以开始为宝宝洁牙，以干净的纱布巾擦拭牙齿和牙龈，尤其是在喂食后与睡前，必须将口腔的食物残渣和奶垢擦拭干净，切勿让宝宝喝奶睡觉。
* 乳臼齿萌发后：需改用小牙刷来帮宝宝清洁牙齿。

Q6 宝宝说话较晚，要看医生吗？

A “大鸡慢啼”的观念是错误的，不要抱着“长大会好”的观念，语言发展落后有可能是听力问题或情绪障碍，如自闭症等。当发现宝宝比同年龄小朋友说话晚，就要及时看医生，因为如果宝宝真有问题，愈早接受治疗，效果越好。

年龄	发展能力	举例说明
出生到6个月	会专注于动作者或说话者	喂宝宝喝奶的时候，他的眼睛会看着妈妈的脸
	对有趣的活动有互动反应	成人对宝宝玩逗弄（搔痒）的游戏，他会咯咯地笑
	会察觉声音	宝宝躺在床上，听到床旁有人在交谈，会停止发出声音
	会用不同的哭泣方式表达不同的需求	宝宝身体不舒服时，哭声尖锐高亢
	能分辨熟悉或不熟悉的人	宝宝被陌生人抱时会挣扎或哭泣；宝宝被妈妈抱时，会显得情绪安稳、高兴
7个月到1岁	可以与成人玩简单有肢体互动的游戏	与宝宝玩“躲猫猫、手遮脸”时，宝宝会用手去拨开妈妈遮住脸的手
	能听懂禁止的命令	当宝宝乱丢玩具，妈妈对宝宝说“不可以”时，宝宝会停止去做

续 表

年龄	发展能力	举例说明
7个月到1岁	会模仿，会挥手再见	听到“再见、byebye”，宝宝会挥手，会牙牙学语
	对自己的名字有反应	宝宝会注视喊他名字的人，或是伸手表示要抱
	能响应“给我”的指令	拿着牛奶跟宝宝说“给妈妈喝一口”，宝宝可做出适当的反应
	能理解称谓的意思	问宝宝“爷爷呢”，宝宝会看看爷爷的房间或看着爷爷

当然，语言发展的领域里“正常”范围是很广的，这里帮大家做一整理，让父母及主要照顾者能较为清楚地了解到宝宝在成长过程中，什么时段会出现怎样的语句，故而让亲子互动时更有趣，爸爸妈妈也能以此为依据，也可以作为互动教导的参考。

Q7 宝宝可以坐多久？坐着时常往后倒，这样正常吗？

A 正常宝宝不需要学坐，时间到了自然会坐。随着年龄的增长，宝宝会依序出现下列 3 种类型的支撑反射，以便让自己坐得更稳：

* **前支撑反射：** 最先出现。将宝宝扶坐，稍将身体前推，会引发上肢往前支撑的反射动作。此反射动作出现于 4 ～ 5 个月，终生存在。此动作出现是宝宝要学会“坐”的前驱动作。

＊侧支撑反射：将宝宝扶坐，稍将身体侧推，会引发上肢往旁边支撑的反射动作。此反射动作出现于 6～7 个月，终生存在。

＊后支撑反射：将宝宝扶坐，稍将身体后推，会引发上肢往后支撑的反射动作。此反射动作出现于 8～9 个月，终生存在。

提醒父母，如果宝宝 9 个月后仍坐不稳，就要及时就医。

Q8 宝宝一定要学爬吗？如果直接会走路了怎么办？

A 有些宝宝因为在冬天穿的衣服较多而不愿意爬，或家长长时间抱着、坐学步车而过了爬的阶段，直接学会站立或走路。其实，触觉仍是宝宝发育过程中的重要感觉，它可以锻炼大脑和动作的协调能力，所以在 7～9 个月阶段，仍然要鼓励宝宝多爬。

如果宝宝直接学会站立或走路，父母也可以设计一些攀爬的游戏机会，让宝宝练习爬。

Q9 宝宝爬行的姿势很奇怪，像拖着走，是正常的吗？

A 刚开始学爬行时，有些宝宝会往前爬，有些则用屁股在地上拖着走，这两种不同的方法都是正常的，对日后走路的状况不会造成影响。

对刚学爬的宝宝而言，要让四肢保持协调是一大挑战，很多宝宝第一次尝试爬行就是采用“倒退”的方式。

▲宝宝的爬行姿势

Q10 宝宝学爬时是否要穿着护膝套、防撞帽，以免受伤？

A 戴护膝套和防撞帽不是不好，只要宝宝愿意带。

与其戴护膝套、防撞帽，还不如事先预防意外事故，如千万不要让宝宝单独留在床、沙发或椅子上。当无法抱他时，应让宝宝留在有栅栏的婴儿床或游戏围栏内。

有些宝宝可能 6 个月大时就能爬行，作为父母应当谨慎小心，可以在楼梯口设置栅栏或关上房门，二楼以上的窗户应上锁。

如果宝宝发生严重的跌落，或跌落后的反应和之前不同，应及时带宝宝就医检查。

Q11 宝宝开始学走路时就需要穿着学步鞋吗？

A 如果宝宝已经学会走路 1 个月了，而且脚步稳，就可以穿合适的鞋子，所谓合适的

▲宝宝的学步鞋

鞋子是指柔软、有弹性、可以系紧、脚底防滑且合脚的。

建议一次买一双，因为宝宝的脚长得很快，6～8周后再帮宝宝量一次脚，以判断是否需要更换尺寸。

Q12 宝宝可以坐学步车吗?

A 最好不要让宝宝坐学步车，学步车是最危险的婴儿器材之一，因为宝宝的移动速度比他的控制能力快许多。再者，宝宝可能会弄翻学步车，碰到障碍物也可能翻覆因而摔出来，甚至从楼梯上跌下来导致脑部受伤，切记学步车能让宝宝去任何可能发生危险的地方。

学步车也不能帮助宝宝正确学习走路，若“揠苗助长”，长久下来对宝宝的发育是有影响的，如造成怪异的走路姿势。

但如果给宝宝使用学步车，一定要注意安全，并且不能长时间将宝宝放在学步车里。

Q13 该让宝宝在家里爬上爬下吗？铺爬爬垫会比较安全吗?

A 刚学爬的宝宝对高度与距离没什么概念，所以不怕高，也不怕掉下来。加上他们活动力强、好奇心重，很容易受伤。所以家长应布置一个安全的环境让宝宝爬行，如铺爬爬垫、使用高脚椅、给低矮桌子的桌脚装上护套、盖住插座、搬走易碎尖锐物品、给楼梯及厨房加装安全门等，最重要的是，宝宝在爬行时不能离开大人的视线范围，因为你永远都不知道他下一秒会做什么。

Q14 宝宝喜欢被抱，不喜欢自己爬或走路怎么办？

A 有许多家长因过度保护孩子的关系，害怕他们跌倒受伤，所以很少让孩子爬、走路、跑、跳，因而造成宝宝大肌肉的张力不足。只要走远路，孩子两脚就无法负荷，因此宝宝也逐渐失去自信，不敢冒险。

我们应该给孩子提供训练大肌肉张力的游戏，在安全的范围内鼓励孩子从事攀爬、跑跳的游戏和运动，这关键在于大人的决心而非宝宝的意愿。

Q15 宝宝生气时会大声尖叫、乱踢，是否有情绪障碍？

A 宝宝因为还没有足够的语言技巧来表达自己的感受，所以就会用最原始的方法——大声尖叫和乱踢来发泄，每个宝宝的气质不同，但这是很常见的行为，不一定有问题。

重要的是，父母在宝宝尖叫时，除了要尽快找出原因，更应尽量避免对宝宝的尖叫声产生过于激烈的反应，否则可能会让宝宝误认为你正在与他进行某种有趣的游戏，而这种错误的联结，可能会在无形中强化宝宝爱尖叫的行为！

Q16 宝宝不会分享，会抢其他宝宝的东西怎么办？

A 学步儿以自我为中心，还不懂得分享和轮流，这是正常的心理，不用担心，可以多鼓励，但不要期望他会马上学会分享。

Q17 宝宝只喜欢妈妈抱，不喜欢其他人，是有自闭症吗？

A 宝宝出生后1年内本能地喜欢黏人，到了6个月会对陌生人感到害怕，7个月大开始有分离焦虑，这些都是自然的反应，不能光靠只喜欢妈妈抱不喜欢其他人就认定宝宝有自闭症。

临床上我们看到有下列问题的婴幼儿时，除了先确定听力有无问题外，还会转介给儿童心理科或儿保科医生做进一步自闭症的评估：

- **6个月大时**：不会笑或露出兴奋表情。
- **9个月大时**：不会出声和笑，或有其他表情。
- **1岁时**：不会牙牙学语。
- **16个月大时**：仍不会说话。
- **2岁时**：仍说不出两个字。
- 一直不会说话或与人交流。

宝宝的心血管Q&A

Q1 宝宝出生时做新生儿心脏超声，医生告知有杂音，需追踪，怎么办？

A 如被告知婴儿有心脏杂音，父母不必过于紧张，因为大部分是良性、暂时性的现象，并非有心脏杂音就是罹患了先天性心脏病，大多数心脏杂音会随着年龄的增加而慢慢消失。

新生儿时期会有心脏杂音的可能原因为卵圆孔开启或短暂性开放动脉导管及短暂性周边肺动脉狭窄，这些都可视为新生儿的过渡性生理现象，不属于病理变化，4～6个月后，九成以上会自动消失。

如果心脏杂音合并有发绀、呼吸急促、心跳异常、产前超声心脏检查疑有明显先天性心脏病、收缩期杂音强度在3级（含）以上，或低体重发育不良的情形，应考虑立即转诊到儿童心脏专科医生接受进一步检查，其他情形虽无须立即转诊，但仍建议在短时间内由儿童心脏专科医生会诊，确认引起杂音的原因。

宝宝的生殖系统Q&A

Q1 女宝宝出生后没几天阴道出血，是否正常？

A 女婴在出生数天后会从阴道流出少量血，且持续1～2天，由于这与女婴本身的激素无关，所以称假性月经。

发生这种情形的原因是因为在胎儿时期，母亲的激素穿过胎盘刺激女婴的子宫，造成女婴的子宫内膜增厚，但是出生后，母体激素刺激消失，女婴的子宫内膜因得不到刺激而产生剥落，造成月经。这情形类似成年女性的激素戒断作用。

若宝宝出现这种情形，属于正常现象，无须担心。

Q2 女宝宝好像胸部变大了，是怎么回事？

A 女宝宝出生后数日内出现乳房逐渐增大的现象，有时还会分泌乳汁。

这是由于受到体内残存的妈妈激素的刺激而产生的，随着妈妈的激素逐渐在宝宝体内消失，2～4周后乳房肿大现象会逐渐消失，但也有可能存在6个月之久，不需要治疗。

不可挤压婴儿胸部，因为可能会造成感染。如果出现外观红或触痛，就要及时就诊。

Q3 如何得知男宝宝的阴茎长度是否正常？

A 有些男宝宝出生后阴茎看起来比较小，这种情况特别容易发生在胖宝宝身上。这其实是因为宝宝比较胖，下腹部皮下脂肪厚，所以外观上阴茎有一大截就埋在皮下，无法像一般男生一样清楚地被看到。

要确定宝宝阴茎的长度，检查的时候一定要用手把厚厚的脂肪往下按，如果按下去以后，看到阴茎的长度大于2厘米，那就没有关系，可以暂时不予理会。

Q4 男宝宝的包皮需要割吗？

A 大部分婴幼儿的包皮是紧紧包着龟头的，这种现象叫作包茎。只有少数幼童龟头能像大人一般自由露出，所以幼童有包茎现象是正常的。

据统计，90%的新生儿有包茎现象，3岁时则为50%，5岁时为5%，青春期为1%。

换句话说，包茎现象通常会随年龄长大而消失，而且大部分有包茎的儿童是没有其他症状的。

*婴幼儿：对于婴幼儿的包茎，目前并无充分的理由来执行常规性割包皮手术。

*儿童：对于较大儿童若尚有包茎现象，可以先用含类固醇药膏局部涂抹2～4周，再配

合包皮渐进式的后推，可达到不错的效果。此外，每次洗澡时，应该尽可能地将包皮翻出来清洗。

若较大儿童经保守治疗无效或经常有包皮发炎的现象时，可考虑做割包皮手术。

Q5 男宝宝的阴囊怎么一边大一边小?

A 有两种可能，一是阴囊水肿（外观上持续存在），二是腹股沟疝气（忽大忽小）。

阴囊水肿的症状为一侧或两侧阴囊肿大，有时需与疝气区别。发生阴囊水肿的原因是腹部与阴囊之间的通道出生后未自行关闭，腹水经此通道流入腹股沟或阴囊内。阴囊水肿，尤其是较小的水肿，在 1 岁以前有自愈的机会，故不必急着治疗。如水肿很大或于 1 岁后仍没有痊愈，可以手术治疗。

腹股沟疝气发生的原因是出生后腹部与阴囊之间的通道未自行关闭，当腹部用力时，腹腔内的脏器就会经由这个通道而滑入鼠蹊部或阴囊，此时外观上就可看到鼓出软软的一团。但如果肠道无法退回腹腔，时间太久会因缺血而造成肠坏死，甚至有生命危险。这种腹股沟疝气不会自己恢复，必须要动手术才能根治，手术年龄没有限制。发现腹股沟疝气时，最好及早手术，因为任何时候都有可能会发生箝闭性疝气。

Q6 女宝宝也会有疝气吗?

女宝宝还是会有腹股沟疝气的可能，只是概率较低（男女比例约为 9∶1）。而女宝宝若有疝气时，腹股沟的位置会鼓起一块软绵绵的东西。

0 ～ 12 个月宝宝的心理发展

感官功能及智能的变化、成熟称为发展，主要包含 8 个层面：

1. 感觉、知觉。
2. 动作、平衡。
3. 语言、沟通。
4. 认知、学习。
5. 社会性。
6. 情绪。
7. 性心理。
8. 整合性。

发展迟缓是指儿童在上述项目上有异常或落后，但不确定此种障碍是否会持续下去。根据世界卫生组织的统计，儿童发展迟缓的发生率约为 6% ～ 8%。对于这类儿童，有专家学者认为 3 岁以前做为期 1 年的早期治疗，会达到 3 岁以后治疗功效的 10 倍。

0～12个月宝宝的认知能力发展

新生儿：会注意人的脸部轮廓与表情，能分辨妈妈的脸孔与声音。约7～8个月大时，能理解脸部表情所代表的意思。

3个月：可分辨不同物体的大小与形状，对于外界较明亮且色彩鲜艳的玩具开始产生兴趣。

从9个月开始：宝宝喜欢玩躲猫猫的游戏，而从10个月大后，宝宝了解因果关系而开始喜欢玩“你丢我捡”的游戏。

8～12个月：会开始出现有“目的”的行为，如拆掉包装纸，以便拿出玩具。

0～12个月宝宝的语言沟通发展

新生儿：会注意声音的来源，喜欢听温柔的声音，也会通过哭泣声表达自己的需求。

接近6周：露出第一个笑容。

3个月：对着宝宝说话，他会微笑。

6个月：开始牙牙学语，会发出如a、ya、ha之类无意义的声音，同时开始对自己的名字有反应。

9个月：会经常模仿、重复他人的说话及声音，对简单熟悉的指令，如“不行”及“再见”等会做出反应。

1岁：开始会有语言上的沟通，也听得懂一些简单的指示，知道东西各有名称。

0～12个月宝宝的社会情绪发展

新生儿天生就具有自己独特的情绪反应特质，称之为“气质”，有些婴儿作息规律，经常表现出愉快的情绪，比较容易适应环境的改变，有些则相反。

6周时：哭声的区别差异更明显（知道宝宝是饿了、累了还是生气），而且会发出更多种声音（yi、o和u）。

3个月：会留下真正的眼泪，喜欢黏人，对于父母讲话或微笑反应热烈。

6个月：可能会对陌生人感到害怕，显现出真正的个性，喜欢固定作息，不喜欢变化。

7个月：出现分离焦虑。

9个月：使用肢体语言来表达情绪，喜欢玩躲猫猫的游戏，开始变得不太黏人，但是感觉疲倦或不舒服时还是会黏人。

1岁时：开始了解镜中人就是自己。

爸妈的第7个为什么？

宝宝皮肤红红，是过敏了吗？

刚出生的宝宝身体还很软，皮肤也很细致，可能会出现许多让家长搞不清楚是生病还是正常的状况，事先了解，可以省去不少不必要的担忧喔！

宝宝的皮肤问题

宝宝的皮肤细嫩，常见的皮肤问题有黄疸、斑、红疹、血管瘤、尿布疹等，爸妈可先仔细观察，再考虑是否就医。

新生儿常见的生理性黄疸

新生儿黄疸指的是宝宝在出生后1个月内所产生的黄疸现象。多数的新生儿黄疸是生理性黄疸，是由于新生儿的红细胞数目较多、寿命较短，同时肝脏的机能尚未成熟，无法处理过多的胆红素所造成的。

生理性黄疸会在出生后第2～4天出现，第4～5天左右达到高峰，第7～14天内自行消退。胆红素值常可达到11～12毫克/毫升左右，但很少超过15毫克/毫升。

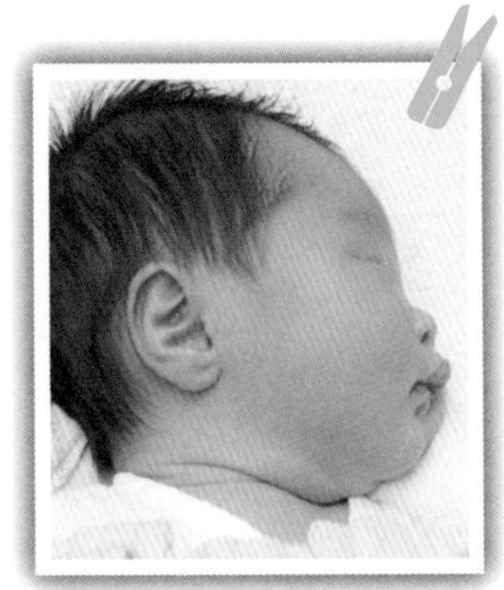

▲黄疸

若大腿皮肤泛黄就需就医

一般黄疸出现的顺序为：从头到脚，消退的顺序则相反。当父母**发现宝宝大腿皮肤也泛黄时**（此时胆红素指数约达15毫克/毫升），**就要带宝宝去看医生了**。等到宝宝手掌及脚掌都泛黄时（胆红素指数约已超过20毫克/毫升），大多需要住院检查及治疗。

治疗黄疸必须依据不同原因采取不同的治疗，包括照光、服药、换血及处理个别的原因。

汤医生特别嘱咐

需特别注意的病理性黄疸

若黄疸出现太早（第一天出现）、上升得太快，或持续的时间太久（超过两周以上，也就是延迟性黄疸），就有可能是病理性黄疸，要接受检查。

病理性的黄疸原因如下：

*胆红素产生过多：溶血性疾病，如胎儿母亲血型不合（母亲O型，婴儿A或B型）、蚕豆症等；头皮血肿、肾上腺出血、脑出血等；肠阻塞。

*胆红素排泄不良：代谢性疾病，如半乳糖血症、甲状腺机能降低等；阻塞性疾病，如肝炎、胆道闭锁。

*胆红素产生过多及排泄不良：如泌尿道感染、败血症等。

宝宝身上与生俱来的斑

有些婴儿身上的斑是与生俱来的，与怀孕时无关，有些会随着年纪增长而消失或变淡，有些则一直存在。发现斑时，最好带给儿科医生确认是何种斑，因为斑的位置、大小、数目都有可能是重大疾病的信号。常见的斑有鲑鱼斑、蒙古斑和咖啡牛奶斑。

宝宝身上经常莫名出现的红疹

在1岁前，宝宝的身上常莫名其妙出现一些疹子，有时1～2天即消失，有时却持续好几周。有些疹子好像会引起宝宝不舒服，有些好像又不会。

新生儿和婴儿的皮肤很嫩，一点点刺激如汗水、口水、食物残渣、奶水都有可能让皮肤起红疹。照顾宝宝的重点是保持其皮肤清洁、干爽与凉快，最好的穿着为纯棉质衣物，最好的清洁剂为温水；夏季时，不要把婴儿包得满身是汗，冬季时，则要注意保暖及皮肤的保湿。不要随便洗酵素澡（婴儿尤其是新生儿的身体其实是很干净的，一周洗3次澡就够了，且只要重点部位如皱褶、生殖器洗洗就可以了），不要乱擦药膏，婴儿乳液及婴儿油亦非多多益善，如果可以不用还是尽量不要用。

婴儿的皮肤不可能一点疹子都没有，不必每天全身检查，更不要发现一点小疹子就大惊小怪，如果真的不放心，可以请教儿科或皮肤科医生，如果医生告诉你这些皮疹属于暂时性、良性的，那就请放心吧！

宝宝可能出现的良性血管瘤

这些血管瘤可能于出生时即存在，也有的是慢慢才出现。婴儿型血管瘤有深浅不同之分，常见以浅型的居多（如草莓状血管瘤），深型与混合型则较少见。深型的血管瘤，外表颜色会带有紫蓝色，摸起来较周围颜色正常的皮肤高一些。

另外，婴儿型血管瘤依据分布位置可以分为局部型、多发型、分节型（在某部位出现大范围，再延伸到其他位置）、不确定型，其中分节型的婴儿型血管瘤可能合并其他先天性缺陷（脑或心血管异常、眼睛病变、泌尿系统异常、骨骼异常、肠道异常），且较易产生并发症，如溃疡。

传统“观察与等待血管瘤消退”的观念并非适用于所有的婴儿型血管瘤，因为有些婴儿型血管瘤甚至还合并其他器官病变。

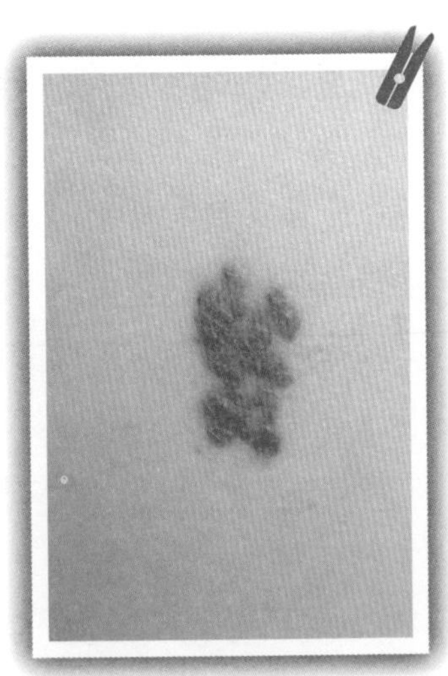

▲草莓状血管瘤

大多数小型、局部、非长在五官、不影响呼吸道、没有出血或溃疡的血管瘤可以选择观察和等待，但下列情形必须及早治疗：分节型血管瘤、发生在五官的局部型血管瘤、已发生溃疡和出血的血管瘤。

另外，身上皮肤出现 5 个以上血管瘤的患者是发生肝脏血管瘤的高危险人群，必须进行腹部超声筛检。

治疗可采取类固醇、干扰素、动脉栓塞、手术等。近几年来，乙型肾上腺素接收器阻断剂（Propranolol 口服，Timolol 外用）意外被发现对于治疗婴儿型血管瘤有着不错的疗效，因而取代了传统类固醇（口服、外用或注射于病灶），成为一线治疗药物。

屁股不透气就可能出现的尿布疹

婴儿的皮肤较敏感，当臀部经过大小便的刺激，又被尿不湿包着不透气时，尿布疹就有可能发生。

当发生尿布疹时，可擦氧化锌药膏或含轻微类固醇的药膏，同时将患部暴露于干热的状态下。其实勤换尿不湿、保持臀部皮肤清洁及干燥才是预防尿布疹的不二法门。

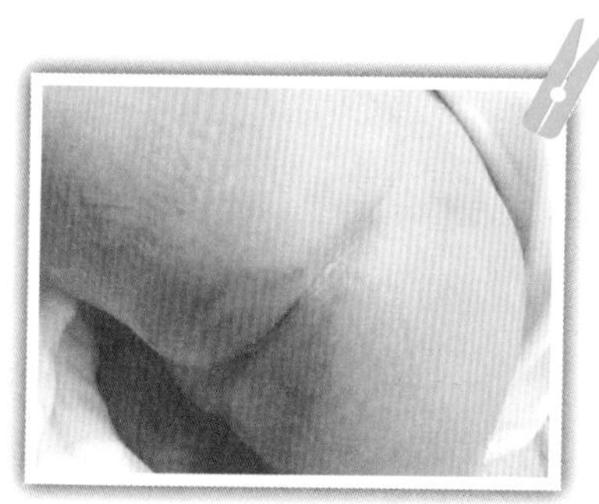

▲尿布疹

宝宝的黄疸 Q&A

Q1 该如何辨别宝宝是不是黄疸？

A 每天固定一个时间，将宝宝抱至充足的阳光或日光灯下，用食指轻压皮肤，看是否有“反白”的现象，若无“反白”则表示仍有黄疸存在，可由鼻尖往足底的方向检查。

黄疸进展的顺序是由脸到脚，眼白的地方先黄，若只有眼白泛黄，可先观察；**若皮肤泛黄的速度太快，或泛黄已到大腿部位，则需带给医生做进一步处理**。原则上，生理性的黄疸不会影响宝宝的食欲和体重，但病理性的黄疸会。

除了每日观察宝宝的肤色变化外，观察大便的颜色也很重要。

Q2 晒太阳可以降黄疸吗？黄疸指数为多少时，需接受照光治疗？

A 并非所有的黄疸都可用照光治疗，只有间接型黄疸，如溶血性疾病照光才有用，若是直接型黄疸（注），皮肤越照只会越黑。

如果是间接型黄疸且黄疸指数高于15毫克/毫升以上，医生会建议照光治疗，但并非绝对。照光治疗是一种相当安全的治疗方法，利用特殊波长的光（白光、蓝光）可以使间接型胆红素转变成无毒性的物质，易于排泄。

但**日光灯或太阳光的波长范围比较广，无法有效降低黄疸，且太阳光太强或照射太久都会引起婴儿脱水，反而有危险。**

注：胆红素在血液中堆积就会形成黄疸，依不同型态的胆红素堆积而分为直接型或间接型黄疸。胆红素主要是因为红细胞被破坏所产生出来的废弃物，此时形成的胆红素为间接型胆红素，具毒性且不溶于水，必须与血液中的白蛋白结合，送到肝脏，经过肝内酵素的转化作用，转变成水溶性的直接型胆红素，之后经由胆道排至小肠，与粪便混在一起，从肛门排出体外。

Q3 宝宝有黄疸，还可以继续喂他母乳吗?

A 重点是判断宝宝的黄疸是由什么原因引起的。如果不是母乳引起的黄疸，仍然可以喂母乳，即使是母乳引起的，黄疸指数在 15 ～ 17 毫克 / 毫升之下时，仍可放心地哺喂母乳。如果超过了此数值，可以和医生讨论比较适合宝宝的处理方式，如果考虑暂时停喂母乳改喂配方奶时，一定要按照婴儿平常吃奶的频率继续将母乳挤出来，否则，当黄疸退了时，母乳也就没了。

一般医生会建议暂停母乳哺育，是为了判断宝宝的黄疸是否为母乳引起的。引起黄疸的原因有很多，为了避免做过多不必要的检查，暂停母乳哺育可以让医生快速地了解是否有进一步检查的需要。

如果停喂母乳 48 小时后黄疸指数显著下降，则宝宝的黄疸可能与母乳有关。

宝宝的斑 Q&A

Q1 宝宝的后脑勺有一块约 1 元硬币大小的红点，长大后会消失吗?

A 这种外表平坦、形状不规则，按压会消退但放手又会出现的斑称作“鲑鱼斑”，这是一种血管扩张造成的斑，依出现的位置不同，另有不同名称。发生在上眼皮，称作“天使之吻”，一般在一岁半之前消失；发生在前额眉间者，称之为“火焰痣”，哭闹时会很明显，一般也是在一岁半之前消失；发生在后脑勺到颈部位置的，称作“送子鸟咬痕”，比较难消失，有一半的人到成人还未消失，如果 3 岁之后还没有消失，就不会消失了，日后可采用激光去除。

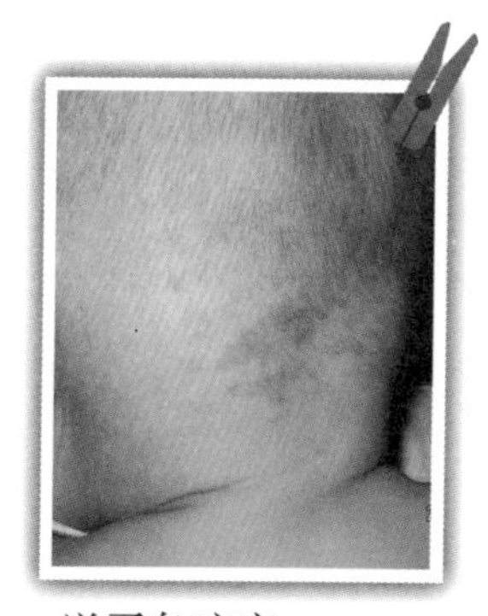

▲送子鸟咬痕

Q2 宝宝的后背和臀部为什么有青色的斑块？

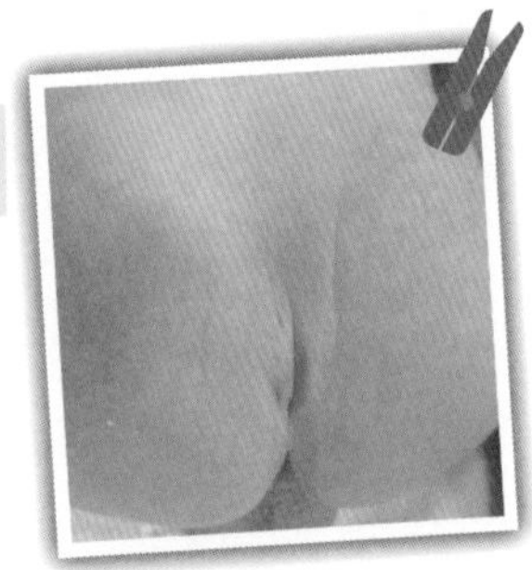
▲蒙古斑

A 这种像瘀青的蓝色斑块，常出现在新生儿的背、脚、臀部，称作“蒙古斑”。台湾地区的婴儿发生率高达六成，大多数会在3～4岁时消失，最慢也会在青春期前消失。

Q3 宝宝身上有许多咖啡色的斑点，正常吗？

▲咖啡牛奶斑

A 有10%的正常儿童身上可有1～3个咖啡牛奶斑，外观为扁平的棕色斑块，通常并无临床意义。若身上有超过6个以上直径大于5毫米的斑块，有可能合并神经纤维瘤，就必须带给儿科医生检查。

宝宝的红疹Q&A

Q1 生产前喝绿茶或吃黄连，可以减少胎毒让宝宝的皮肤变得比较好吗？

A 西医上没有“胎毒”这个医学名词，所以没有办法用科学来解释或定义胎毒的原因，当然生产前喝绿茶或吃黄连可以减少胎毒的说法也就无从证实是对或是错了。

Q2 新生儿的皮肤很干燥，还脱皮，涂乳液有帮助吗？

A 新生儿在出生后的7天内，体重会有下降的现象，称之为“生理性脱水”。这是因为出生后小宝宝身体内的水分会有部分丧失，使得体重逐渐减轻，在第 4 ～ 5 天时降到最低点，可减少原来体重的 5% ～ 10%，等到第 7 ～ 10 天大时，慢慢地又会回升至出生体重。

由于脱水的关系皮肤会略显干燥且脱皮，但这是正常的，不需要擦乳液，之后就会慢慢改善。

Q3 宝宝的脸上为什么有红疹?

A 宝宝身上的疹子会由很多原因造成，通常医生会根据疹子的外观、出现位置、出现时间来判别是何种疹子。有一些是婴儿本身的问题，有一些则是外在因素造成的。

❶ 粟粒疹

这是一种短暂的皮疹，为脸颊及鼻头上出现的一种白色针头大的突起，一半的婴儿出生后即出现。发生的原因为皮脂腺阻塞，通常在几周之内会自行消失，不需理会，不需要擦药。

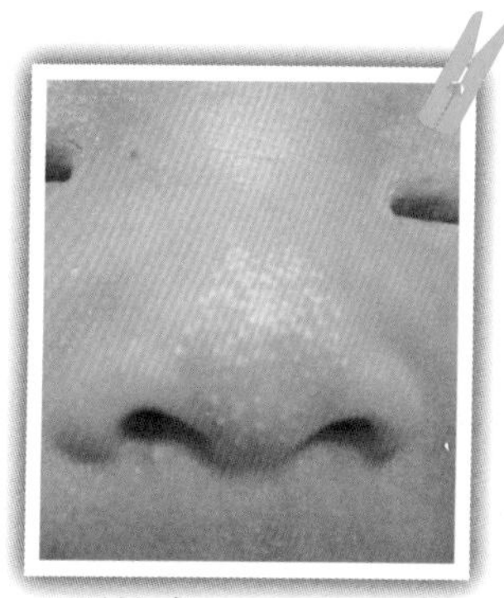

▲粟粒疹

❷ 新生儿毒性红斑

超过 50% 的新生儿在出生第 2 ～ 3 天之后，全身的皮肤除手掌和脚掌之外，陆陆续续地开始冒出 0.25 ～ 0.5 厘米大小的红色斑块，中间尚可见黄白色的丘疹。这种毒性红斑，虽然外表看起来令人担心，有时会被误认为是蚊虫叮咬，但其实是无害的，且似乎只发生在健康的足月儿身上。

毒性红斑发生的原因不明，它会持续 2 ～ 3 周，然后自发性地消失，发生时也不需要擦药。

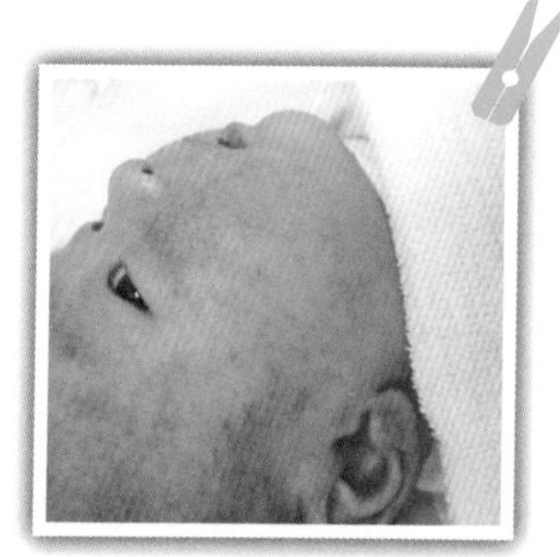

▲新生儿毒性红斑

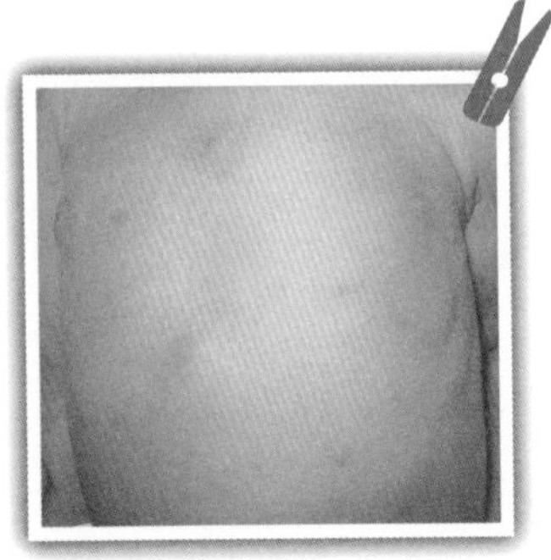
▲新生儿痤疮

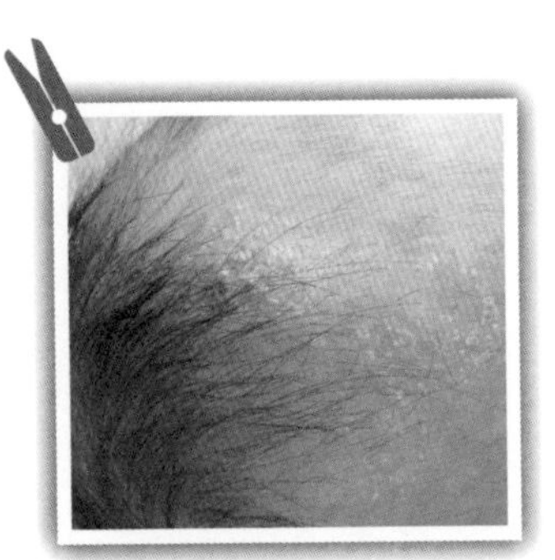
▲婴儿脂溢性皮肤炎

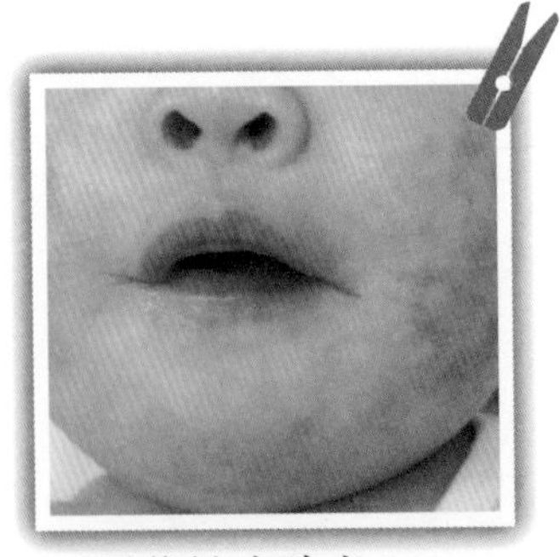
▲异位性皮肤炎

③ 新生儿痤疮

30% 以上的新生儿脸部会有痤疮，外观为小的脓疱样红疹，主要分布在鼻子和相邻部分的脸颊上。痤疮开始于出生后第 3～4 周，有时会持续至 4～6 个月大。

痤疮产生的原因不明，可能与来自母亲的激素有关。由于新生儿痤疮是暂时性的，所以不需要治疗，**使用婴儿油或药膏只会使其情况恶化。**

④ 婴儿脂溢性皮肤炎

常在出生后 2 周至 6 个月之间出现，这是一种暂时性的现象，是一种不治疗也会痊愈的皮肤病，很少会持续 2 个月以上；并且在痊愈之后，就不会再发。如再出现，可能是异位性皮肤炎（可依据好发部位、外观来分辨）。造成婴儿脂溢性皮肤炎的原因目前仍然不明，也无法预防。

可在头皮、眉毛、鼻翼上发现有厚厚的黄褐色油性的鳞屑堆积，伴有红色的扁平皮疹，在耳朵后、颈部、腋下、肚脐边缘和腹股沟褶皱处也有可能出现，皮疹通常不会痒。

对于红疹部分，**勿用肥皂清洗，只需以清水洗净即可；头顶厚厚的鳞屑部分，可先用婴儿油将其润湿后，再用洗发精轻轻洗去；**严重者，可以擦含轻微类固醇的药膏（如果不会痒的话，可以不用理会）。

⑤ 异位性皮肤炎

异位性皮肤炎常与脂溢性皮肤炎、接触性皮肤炎混淆，不过最大的区别是**异位性皮肤炎会反复发作，且通常宝宝 2 个月大后才出现。**

大多数异位性皮肤炎开始于婴儿期，通常为 2 ～ 3 月大时开始发病，持续 2 ～ 3 年左右。脸部双颊、颈部、前额部及头皮部会出现泛红、湿疹样变化，有时更会因发痒搔抓而造成结痂、渗出液、脱皮的状况。痒的情形以夜间最严重。

这段时间的异位性皮肤炎通常是一个慢性的病程，病情时好时坏，约 50% 会在一岁半之前痊愈，另外一半的病情则会延续至幼儿期。匍匐爬行后，病变可以扩展至四肢的伸侧与手腕。

确实病因未明确，可能与免疫系统有关，且与环境息息相关。研究发现，婴儿期异位性皮肤炎约有 50% 与食物过敏有关，**如果婴儿时期因食物过敏而产生皮肤症状或胃肠道症状**（确定的食物过敏，应由食用后数日内皮肤恶化、出现胃肠道症状，避食后改善，再食后又恶化来确定。除非明确知道会引起过敏的特定食物，否则不必过度限制饮食；现今的观点是，不要刻意避免特定食物，主要是让身体产生耐受性，太过小心反而不好，但如果已知对某种食物过敏，才需要禁食该食物），**将来就有极高的可能性转变成为过敏性鼻炎或气喘病患**。另外，常见的恶化因子包括：皮肤干燥、感染、出汗、压力大及接触到刺激物质如尘螨等。对于病儿的照顾：

* 应避免过度沐浴，少用肥皂及清洁剂（真的要用，可使用异位性皮肤炎专用的清洁剂，如舒特肤等），如此可避免皮肤更加干燥。
* 在沐浴后立刻适量使用不含药性、香精、防腐剂的保湿剂（可使用异位性皮肤炎专用的乳液）。
* 减少与粗糙、过紧或刺激性衣物接触，最好穿棉质的衣服，避免羊毛、尼龙等衣料。
* 剪短指甲以减少搔抓带来的皮肤损害。
* 保持适当的湿度（50% ～ 60%）和温度。
* 流汗或直接暴露于寒冷、干燥的情形下会使病情更加恶化，所以如果流汗应马上帮宝宝擦掉，或者开空调，以免恶化。

如果在这个阶段发现宝宝得了异位性皮肤炎，由于部分婴儿是因为对配方奶中的牛奶蛋白过敏，此时可改用水解蛋白配方；若哺喂母乳，则应考虑是否是母亲的饮食中有会产生过敏的食物，临床上常见有些妈妈吃了大量鲜奶或坚果后，宝宝会产生过敏的症状，需要特别留心。

异位性皮肤炎的治疗包括口服止痒药物及局部治疗。局部治疗包括三大类：保湿乳液、止痒药膏、局部免疫抑制剂（类固醇和非类固醇药物）。

Q4 宝宝背上长了疹子，有的医生诊断为湿疹，也有的诊断为汗疹，到底哪个对？

A 湿疹是对一般皮肤炎的俗称，它可以是异位性皮肤炎、脂溢性皮肤炎、接触性湿疹（如口水疹）等。湿疹并不是一个正式的病名，也就是说当皮肤看起来红、肿，或起红色小丘疹、水泡，或干燥发红、产生鳞屑发炎反应时，在未确认原因前都可以称作是“湿疹”，若能进一步确认病因，医生才会告诉你这是异位性皮肤炎，还是其他原因引起的皮肤炎，不过往往湿疹的原因不明。

汗疹是指一般的痱子，为汗腺出口阻塞所引起的疹子，若刚开始发现，只要降低室内温度、减少覆盖衣物、保持干爽，即可改善，但若不及时处理，宝宝因为痒而去搔抓，造成发炎，形成“湿疹”，可能就要用药膏处理。

所以，宝宝背上的疹子到底是汗疹，还是进一步恶化为湿疹，其实医生也不好判定。若不擦药膏很快就消失，汗疹的可能性较大，若一段时间后还未消失，则湿疹的概率较大。

Q5 宝宝被蚊子叮咬后肿了一个大包，且几天都不消退，怎么办？

A 宝宝被蚊子叮咬后，可能出现厉害的红肿发炎反应，父母常会担心是否为蜂窝性组织炎。

被蚊虫叮咬后肿一个大包，这是一种免疫反应。通常在同一个环境被同一种类的蚊子反复叮咬，前几次红肿的情况会比较严重，但多被叮几次后，人体就会产生耐受度，红肿的程度会变得轻微，所以等小孩大一点时虽然还是被咬，但就不会那么严重了。不过，当从没接触过某种虫子，或是体质特殊时，成人也有可能出现如此强烈的反应。

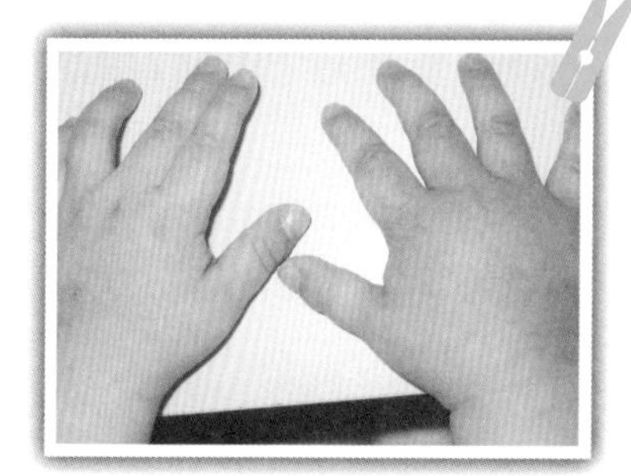

▲红肿发炎反应

类似蜂窝性组织炎般的虫子叮咬反应会自愈，也可以擦一些抗组胺或类固醇的药膏（只要不在同一个地方连续擦药2周，不用担心类固醇的副作用），症状轻微的可能一天就消了，严重的过几天也会自己消退，但会留下一些色素沉淀。

厉害的蚊子叮咬反应大都发生于婴幼儿，到底是蚊子叮咬反应或是蜂窝组织炎，有时不易分辨。不过**蜂窝组织炎会出现自发性疼痛与压痛，且红肿范围会逐日扩大，而虫子叮咬反应大都是痒而不是痛。**

如果是蜂窝性组织炎就要擦抗生素类的药膏，严重时可能需要吃药。

Q6 常有人建议使用痱子粉（膏）治疗尿布疹，这样是否恰当？

A 一般人以为撒了痱子粉（膏），看起来干爽舒服，就不会有尿布疹，其实那是传统的错误观念；我们就医疗的观点认为，宝宝有尿布疹的时候使用痱子粉（膏），不但无法改善尿布疹，反而让排泄物接触皮肤更久，对皮肤刺激更大，使尿布疹的情况加剧。

所以出现尿布疹时，**应该勤换尿布，并在每次换尿布时以清水清洗屁股，之后拿吹风机远远地将屁股吹干**（独门秘方喔！），必要的时候可以请医生开药治疗。

Q7 发生尿布疹后用医生以前开的药膏没有效果，为什么？

A 念珠菌尿布疹常会伴随着一般尿布疹一起发生，有时父母会误以为是单纯的尿布疹，而将以前的药膏拿来使用，反而愈擦愈糟。当发生念珠菌尿布疹时，必须擦治疗霉菌的药膏才有效。

预防的方式包括勤换尿不湿，保持臀部皮肤清洁及干燥等。

发生念珠菌尿布疹时，尿布疹区域的边缘可看到许多散开、卫星状的小颗红色丘疹，与一大片红红的单纯尿布疹是不同的。

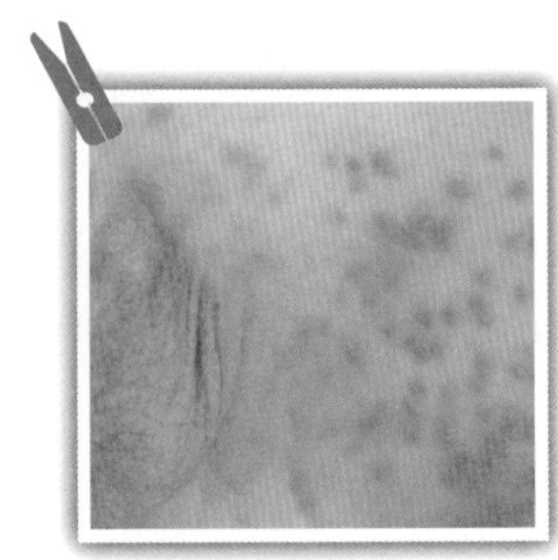

▲念珠菌尿布疹

Q8 宝宝的屁股（接近肛门及阴道周围）一直红红的，是否为尿布疹？

A 宝宝的皮肤尤其是肛门周围或会阴部附近非常细嫩，因为平常此处就彼此对称接触，所以时常表现为红红的一圈，其实这个并非尿布疹，无须擦药。尿布疹的范围会扩及腹股沟、大腿内侧或臀部。

宝宝的过敏问题

“过敏性疾病”会随着年龄的改变而渐渐出现不同的症状：

* **婴儿期：** 过敏儿在婴儿期容易对食物过敏，常表现为皮肤或胃肠道症状，例如，异位性皮肤炎、湿疹或呕吐、腹泻，大约2岁之后，肠道不适症状多会消失。
* **幼儿期：** 3～4岁后，过敏儿开始对空气过敏，所以过敏性鼻炎和气喘的问题随之而来。

婴儿期饮食的种类不多，不是母乳就是配方奶。然而有部分婴儿对配方奶中的牛奶蛋白过敏，会引起多方面的不舒服，例如，过敏婴儿常在喂奶后哭闹不安。腹泻的程度可有不同，轻度的如腹泻，严重的会导致肠黏膜萎缩，造成生长迟缓，有些则会发现粪便中带有血丝、黏液。以外观上来说，**过敏婴儿常在脸颊两侧、皮肤褶皱处长有湿疹**，且婴儿可能因为瘙痒而睡不好或拒吃。

对配方奶里的牛奶蛋白产生过敏的宝宝，症状出现的时间平均为3～8周大，最早可于1周大内即出现，最晚到了1岁多也可能还有症状。发生牛奶蛋白过敏时，可能只会在大便中发现黏液和血丝而无皮疹、腹泻或呼吸道的症状。诊断主要是靠临床表现和去除过敏原后症状改善而确定，必要时可做肠镜。

▲ 牛奶可能引起宝宝过敏

* **配方奶宝宝：** 婴儿可改吃水解蛋白配方奶粉以缓解其症状。
* **母乳宝宝：** 妈妈则须限制某些可能引起过敏的食物，如牛奶、

海鲜、蛋白、坚果等，并采取渐进的方式。症状通常于去除过敏原后 3～4 天内改善，有时则需要较久的时间。

目前认为出生后母乳喂养是预防宝宝过敏最好的方法，太早接触辅食（4 个月大以前）会增加过敏的机会。研究显示，过晚（6 个月大以后）添加辅食也有可能会增加过敏的机会，所以添加辅食的时机过犹不及皆不好。

至于有时食用某样食物后嘴巴周围有红色小疹，则可能为接触性湿疹，可在用餐完毕后以干净的纱布将皮肤擦拭干净来预防。

宝宝的过敏 Q&A

Q1 怎么知道宝宝是食物过敏？哪些食物容易引起过敏？

A 临床上，医生可就“吃就发病”“停吃症状会改善”“再吃又再发病”的典型三部曲，作为确定食物过敏原的依据。

虽然几乎所有的食物都可能是过敏原，但较常引起过敏的食物包括奶类制品、蛋（尤其是蛋白）、柑橘类水果、杧果、小麦制品、大豆制品（豆腐、豆浆）、豌豆、西红柿、奇异果、芹菜、坚果类或花生、巧克力或可可、有壳海鲜和鱼等。

▲ 易致敏的食物

Q2 宝宝若食用某种食物过敏，是不是不能再食用？

A 一旦确定食物的过敏原，最佳的治疗方式就是避免食入这种食物。对于已发生症状的病患，需停止食用此种食物，大多数的胃肠症状在 3 天之内就会缓解，但有些则需要数周之久，待症状消失 2 周后可再试，如果再试还不行，则建议延迟至 1 岁之后再尝试。若需停止食用的食物种类太多，就必须注意会不会因此而造成营养不良或影响生长发育。

根据统计，除了花生、坚果、鱼或有壳海鲜的过敏易持续终生外，85% 对牛奶蛋白过敏的病童在 3 岁后将不会再对牛奶产生过敏症状。

Q3 宝宝喜欢揉眼睛，是过敏了吗？

A 因为发育的关系，宝宝眼睛产生过敏性的反应要在6个月大以后才会出现，而揉眼睛有时只是一种即将入睡的表现，如果揉眼睛常伴随着眼睛红肿或有分泌物，就需要找眼科医生治疗。

Q4 宝宝经常黑眼圈是过敏吗？

A 黑眼圈是由于眼眶周围的皮肤特别薄，皮下的组织又少，当血液循环不顺畅或血管扩张时便会形成眼周暗沉的现象，有些呈现红色，有些呈现黑紫色，同时眼部周围会有厚厚的、近似浮肿的感觉，一般呈半月环状围绕眼部，所以俗称黑眼圈。

一般而言造成宝宝黑眼圈常见的原因有：

1. 过敏性鼻炎。
2. 上呼吸道感染等问题。
3. 鼻窦炎。
4. 其他因素，如遗传、色素沉淀、眼皮的皮肤角质化等。

以1岁以内的宝宝来说，由于鼻窦尚未发育完全且也不是过敏性鼻炎好发的年龄，所以遗传及上呼吸道感染造成黑眼圈的机会较大。

爸妈的第8个为什么？

出现这样的状况，是生病吗？

随着宝宝的成长，身体可能会出现一些恼人的小状况，像是肠绞痛、长乳牙及便秘等，只有通过爸妈适当地照顾，才可以让宝宝感觉舒适些。

宝宝的头颈问题

宝宝的脖子要等到4个月大以后才会变硬，所以在此之前抱宝宝时要特别注意用手支撑宝宝头颈的力道。

宝宝的头顶前半部中央和后半部中央各有一个凹陷，摸起来很柔软，分别称作前囟门和后囟门，这是因为头骨还没有互相闭合所产生的缝隙，前囟门约在7～19个月大才会关闭，后囟门约在6周大前关闭。

宝宝的头颈 Q&A

Q1 宝宝的耳后、后颈部能摸到许多颗一粒一粒的淋巴结，是有问题吗？

A 这些耳后、后颈淋巴结本来就存在，只是婴幼儿的淋巴结比大人大，比较容易摸到，淋巴结的大小在6～9岁达到高峰，正常的淋巴结小于1厘米、会动、摸起来有弹性；若大于1.5厘米，或出现发红、压痛、变硬的现象，则可能有发炎或其他病变，需就医诊治。

Q2 宝宝的头老是歪向一边，怎么回事？

A 造成斜颈的原因很多，大多数是因颈部肌肉硬化（肌性斜颈）引起的，少数是骨骼、神经、颈部软组织发炎（例如淋巴结肿大）或视力异常造成的。

90%的肌性斜颈症的婴儿只要经过适度伸展治疗后，硬块通常会在3～6个月后变软，甚至消失，越早治疗特别是出生后 3 个月内效果最好，对于复健效果不好的患童，才考虑手术。

* 发生肌性斜颈时，可用 40℃左右的温毛巾，为宝宝做局部热敷，放松肌肉，早晚各 1 次，每次 20 分钟。
* 也可以在手指上涂些婴儿油，以指尖在宝宝颈部硬块部位轻轻按摩，一天 4 次，每次 15 分钟。

另外，**姿势调整**也很重要。

* 有大人在旁或宝宝醒着时可以让宝宝趴着，并让有颈部硬块的那侧朝上。
* 另外，喂奶时将奶瓶移转至患侧上方，诱导宝宝用此姿势喝奶。
* 抱宝宝的时候，让宝宝健康的一侧贴近自己，以诱使宝贝往外看。

对**周围环境**略做调整，也有利于复健。

* 将宝宝放进婴儿床时，尽量让没有硬块的那一侧靠墙，诱导小孩将脸转向患侧。
* 当小孩满月后，光线、声音以及玩具应放置在患侧，以吸引小孩注意，使头转向患侧。

此外，宝宝如果没有明显的肌性斜颈，但一直有歪头现象，就要带去眼科检查视力。

Q3 宝宝出生时因使用产钳导致锁骨断裂，后期是否会有影响？

A 假如宝宝上臂软弱无力，应该怀疑是否同时有臂神经丛或肩关节的损伤。

新生儿锁骨骨折多能自行愈合，无须另加支架或特殊处理，只需将患侧手臂及肩膀固定即可。固定的方式**可以用安全别针将患侧衣袖别于胸前，并且尽量避免移动患侧的肩膀和手臂7～10天**。多数婴儿在骨折断端稳定接合后，就会开始自主地活动患臂，这个过程通常需要1～2周。当骨折断端愈合时，可于局部触摸到凸起，称为“骨痂”，这是骨折愈合的过程。新生儿锁骨自行愈合一般需要4～6周。

照顾患童时，**穿衣时先穿患侧，脱衣时先脱健侧；抱时要托着患侧**，要抱起宝宝时要托着其颈部及下背部，而不是由手臂或腋下抱起；**抱时患侧朝外避免被抱者前胸压迫；采平躺姿势仰卧，勿侧向患侧；沐浴时，以支撑健侧手臂为原则**，或以支托板或由他人协助完成宝宝的沐浴，或使用浴网；随时观察宝宝手臂活动力，如手挥动情况或握拳情况，若有异样即刻就诊，追踪至满月后即可。

Q4 宝宝的耳朵常有黄垢残留并流血，如何处理?

A 新手父母为宝宝洗澡时常漏掉耳朵与后脑或耳垂与脸交界的地方，以至于黄褐色污垢堆积在褶皱处，造成褶皱干裂出血。要避免这种情形发生，只要洗澡时将这个地方洗干净就可以了，如果已经发生，可请医生开药膏处理。

宝宝的眼睛问题

眼泪汪汪的泪腺阻塞

眼泪是由位于眼窝外上方的泪腺所分泌的，眼泪会先流进泪囊，再通过鼻泪管流向喉咙里面。鼻泪管的出口有一层薄膜，在胎儿期或出生后应该消失，约 6% 的新生儿出生时这层膜还在，造成鼻泪管阻塞，使眼泪停留在眼睛里，导致出现泪汪汪或眼屎很多的情况，严重时会造成泪囊的感染或发炎、眼睛肿胀及充血。

宝宝的眼睛 Q&A

Q1 宝宝总是泪汪汪，每天早上起床眼屎一大堆，怎么办？

A 如果眼屎不带有黄色或仅出现于早上起床时，则最有可能是鼻泪管阻塞。

虽然两眼都有可能发生鼻泪管阻塞，不过，大多数的情况都是发生在单眼。96% 的患者在 1 岁之内，阻塞的情形会自然消失。在鼻泪管尚未完全开通之前，父母可以利用指尖在鼻泪管的位置做局部按摩，一天 2 ～ 3 次，同时用纱布沾温水将眼屎轻轻拭去。如果发现眼睛有黏稠脓状分泌物，就要找眼科医生诊治，使用适当的药物治疗。

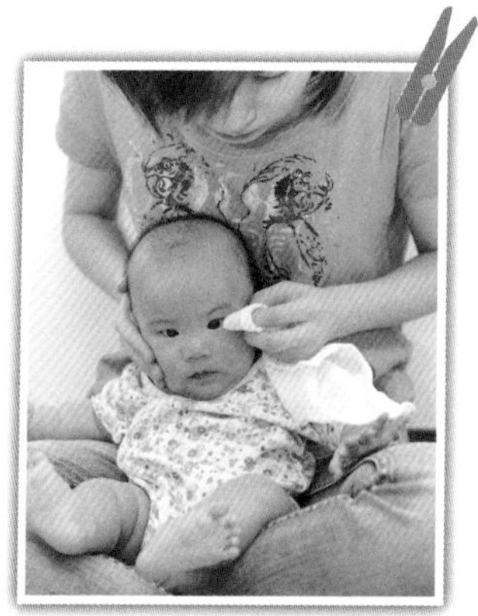

▲ 用纱布将眼屎拭去

对于那些 1 岁之后鼻泪管仍旧不通者，可以使用金属探针做贯穿鼻泪管的治疗，进行时需要局部麻醉，在很短的时间内就可以完成，成功率约为九成，通常只要经过 2～3 天，症状就会消失；如果没有消失，可能就需要再进行第二次的治疗。

Q2 闪光灯对宝宝的视力有影响吗？

A 婴儿眼睛内的黄斑部在 6 个月大后发育完成，而黄斑部是位于眼球后部视网膜最中央的一块小区域，是主宰中心视力最重要的部位，一旦黄斑部发生病变，中心视力随即受到影响。

当眼睛长时间注视强烈光线时可引起黄斑部病变，严重者会造成视力损伤。特别是闪光灯的强光，如果距离在 1 米以内，对婴儿的眼球伤害更大，所以 **6 个月以前的婴儿拍照最好用自然光而不要用闪光灯。**

拍 X 光片当然也会影响宝宝的健康，所以婴儿的辐射剂量会较小，而且医生也不会随便乱开检查单，必须要拍时一定会有它的必要性。

宝宝的口腔问题

会影响食欲的鹅口疮

通常发生在6个月大以前，由于宝宝的免疫系统尚未成熟，导致在口腔内的念珠菌大量繁殖而造成感染，外观像奶块却不易清除，多的时候会影响宝宝的食欲。

* 用抗霉菌的药物涂抹在患部，约1～2周会痊愈。
* 用奶瓶喂食或有使用奶嘴者，每次使用完毕后皆需煮沸消毒。
* 如果是母乳喂养的宝宝，并且母亲乳头已有红且疼痛的现象，此时母亲也要一起治疗，如给乳头擦药甚至服药，因为母亲的乳头也有可能感染了念珠菌。

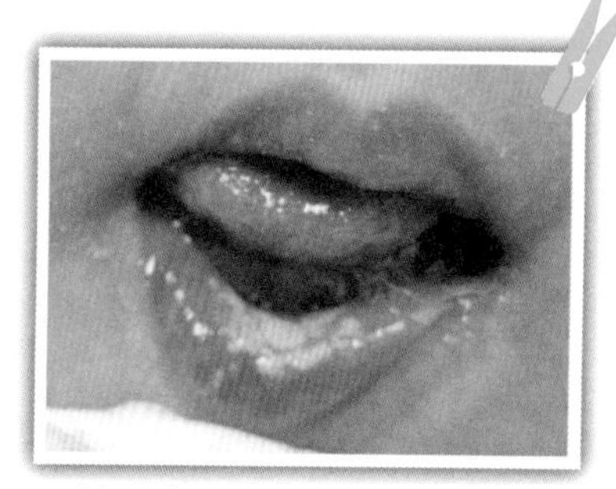

▲鹅口疮

如果一直反复地感染或超过9个月大后还有此情形，就需就医进一步评估其他状况。

宝宝的乳牙

宝宝的第一颗乳牙大约在6～8个月大时萌出，直到2岁半至3岁时才长全20颗牙齿。

其生长顺序为：下颚2颗门齿（6～10个月大）➡ 上颚4颗门齿（8～12个月大）➡ 下颚2颗侧门齿（9～13个月大）➡ 上下颚4颗小臼齿（12～18个月大）➡ 上下颚4颗

犬齿（16～23个月大）➡上下颚4颗大臼齿（23～33个月大）。

不过，每个孩子的长牙时间和顺序都有差异，通常女孩的长牙速度比男孩快。如果超过一岁半还未长牙，可带宝宝去牙科医生那里检查，并照X光片，以确定有无牙胚，只要宝宝有牙胚，长牙晚也没关系，父母无须过度担心。

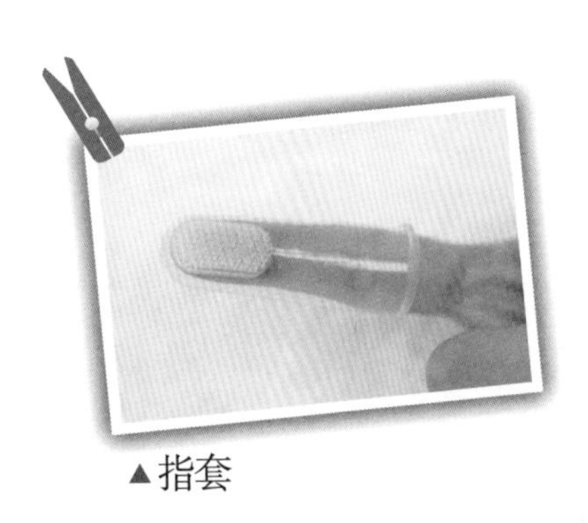

▲指套

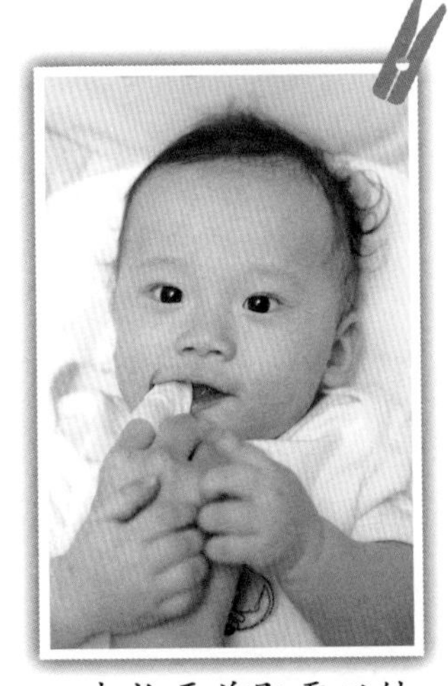

▲未长牙前即需以纱布清洁

宝宝的牙齿Q&A

Q1 宝宝还未长牙，需要做口腔清洁工作吗？

A 宝宝还未长牙时，父母就应该用干净的纱布或指套帮宝宝清洁牙龈、口腔两侧黏膜和舌头，一方面避免鹅口疮的产生，同时也先让宝宝熟悉清洁口腔的动作。

*长门牙时：可以开始为宝宝洁牙，以干净的纱布擦拭牙齿和牙龈，尤其是在喂食后与睡前，必须将口腔的食物残渣和奶垢擦拭干净，切记勿让宝宝喝奶睡觉。

*乳臼齿萌发后：需改用小牙刷来帮宝宝清洁牙齿。

Q2 宝宝长牙时会发烧、拉肚子吗?

A 宝宝在长牙时，牙龈会肿胀不舒服，因此会乱咬东西来减缓不适，由此容易将病菌吃入肚中而引起腹泻。这时宝宝也刚好是6～7个月大，是开始容易感冒发烧的年龄。很多父母因此会误以为长牙就会发烧，事实上这只是时间上的凑巧罢了，如果有，也只是低烧而非高烧。

Q3 邻居的宝宝4个月就长牙了，我的宝宝6个月还没长牙，是缺钙吗?

A 开始长牙的时间和长完全部乳牙的速度个人差异很大，与是否缺钙并没有关系，且补充钙质并不会加快长牙的速度。

乳牙在胎儿时期就开始形成，宝宝出生时牙胚在牙床内已经做好长牙的准备。如果宝宝超过一岁半还是没长牙，可以考虑照X光片以明确牙床内有无牙胚，如果有牙胚迟早会长出牙的，如果没有牙胚，就要考虑无牙畸形的问题。

超过1岁仍未长出第一颗乳牙，称为“乳牙晚出”。“乳牙晚出”常见的原因是患有先天性疾病，如先天性甲状腺功能不全、骨化不全症候群、维生素D缺乏、染色体疾病或脑下垂体疾病等。不过，这些宝宝通常除了牙齿之外，还会出现其他临床现象。所以，如果宝宝发育、发展正常，没有特别的疾病，即使长牙晚些也不必担心。

个人的经验，如果萌牙后不好好清洁口腔，就会“早长牙，早蛀牙”。

Q4 宝宝长牙时吃奶会一直咬乳头，该怎么办?

A 喂奶时碰到这种情形，可以先将宝宝往妈妈胸部揽，让宝宝的鼻子被乳房稍闷住，宝

▲固齿器

宝自然就会松口，这时先检查乳头有无破皮，若有，可挤出一点乳汁涂在伤口上帮助愈合，然后用严肃的语气而且持续多次的方式告诉宝宝不可以咬，让他了解妈妈的感受，可能要反复好几次宝宝才能理解。

宝宝长牙时牙龈会肿胀不舒服而喜欢咬东西，所以喂奶前可以用冰的固齿器、冷毛巾来减轻宝宝的不适感。

宝宝的肠胃问题

健康宝宝也可能吐奶、溢奶

新生儿、婴儿时期由于宝宝的胃容量小，再加上食道和胃交界的括约肌（贲门）尚未发育成熟（胃食道逆流的主因），或者有时父母喂太多、不小心压到肚子、大哭、排气打嗝时就容易溢奶或吐奶，**前几个月大的正常健康的宝宝，一天都可能吐 2～3 次**，所以吐奶未必是因为生病的关系。

如果是生理性原因造成的溢奶，情况不严重，父母可以：

* 在喂奶后不要让宝宝太快躺下，先维持直立或半直立的姿势 20～30 分钟，之后再轻轻放下右侧躺。
* 少量多餐，配方奶中添加谷类制品（如婴儿米粉），或使用低溢奶配方奶粉（可至药店选购）也有帮助。
* 必要时可使用一些促进胃排空的药剂、制酸剂。

呕吐易造成宝宝脱水

如果宝宝生病时呕吐加上发烧或腹泻很容易造成脱水，此时水分补充就很重要，但也不能一次性给太多，**应少量多次给予，电解质液就是很好的选择。刚吐完也不要急着喂食，先观察状况，等稳定后再喂。如果没有腹泻，喂食配方奶也不用稀释。**

若腹泻时可冲泡半奶，同样一匙配方奶但水量变为 2 倍；2/3 奶，同样一匙配方奶但水量变为 1.5 倍。一般而言，腹泻次数越多喂食的奶应越稀，先从半奶开始，必要时需要改用无乳糖配方奶。

哭闹不停的肠绞痛

婴儿肠绞痛常发生在出生后 1～2 个月大的婴儿，发作的时间有两个高峰，即傍晚 4:00～8:00 及半夜零时前后。

发作时宝宝会哭的很大声，肚子胀胀鼓鼓的，躁动到几乎无法安抚，而这些表现可能会持续数小时之久。

还好这个症状多半在婴儿 3～4 个月大后就会逐渐缓解，但仍然有 30% 的婴儿会持续到 4～5 个月大，而 1% 会持续到 7～8 个月大。

发生婴儿肠绞痛的原因不明，可能是多重因素造成的，如肠道神经发育未健全、喂食不当（有时可能吃太多）、牛奶蛋白过敏、乳糖不耐受、喷乳反射太强、宝宝只吃到前奶或母乳妈妈吃了可能导致过敏的食材，从而引起阵阵的肠痉挛。

对于这类宝宝，父母的安抚是最有效的治疗方法。立即对婴儿哭泣做出反应（安抚的方法见 P94），会使得婴儿哭泣次数减少。父母在心态上应做些调整，把它当作是父母的新生训练。

便便含水量增多的腹泻

宝宝大便次数增加且粪便的含水量增多时，就可能是腹泻了。严重腹泻时，一定要注意宝宝是否有脱水症状（如眼泪变少、尿液减少、活动力减低、嘴唇干裂），同时及时补充水分，最好是电解质液。有时可将配方奶稀释（方法同半奶的冲泡法，即同样一匙配方奶但水量变为 2 倍；2/3 奶，同样一匙配方奶但水量变为 1.5 倍。一般而言，应先从半奶开始）或改用无乳糖配方奶，但不可让婴儿喝大人的运动饮料。

腹泻时，宝宝常会出现红屁股，最好每次大便后用清水冲洗，之后烘干屁股，避免使用市售的湿纸巾擦屁股，以免红屁股更加严重。

若要去看医生，最好连宝宝的大便一起带去。现在的父母流行拍照，拍照不是不好，只是有时医生无法从照片中得知大便有无酸味或恶臭味，所以携带大便是最好的方法。

便便解不出来的便秘

任何对便秘的定义，都是相对的，判断时要根据排便次数、粪便的硬度及是否在排便时产生困难而定，尤其以后两者更为重要。

有两种情形看起来很像便秘，其实不然，不需要特别处理。

* 母乳宝宝：吃母乳的宝宝，在 1～2 个月大后，大便次数会从原来的一天数次变成一天一次，

或3～4天才解一次，重点是大便仍是软的，排便的时间最久甚至可以3周才解一次，但这并非便秘。

* **婴儿排便困难：** 有些婴儿需用力解便，涨红了脸且尖叫许久才排出软便或水便，时间可长达10分钟以上，我们称之为“婴儿排便困难”。这种情形发生于6个月大以前的婴儿，一天可能出现数次之多，但症状往往在发生后几周就会自动缓解。正常排便时，腹压会增加，伴随着骨盆腔底部肌肉的放松。

造成婴儿排便困难的原因，目前推测应与此类婴儿无法协调两者之间的动作有关。当然，在诊断“婴儿排便困难”时，必须注意婴儿的饮食状况和是否合并神经肌肉异常等。

宝宝的肠胃 Q&A

Q1 宝宝溢奶时是否需要就医？

A 如果溢奶的情形越来越严重，如影响体重增长（即生长曲线落后），每天要换好几件衣服（因照顾者而异，也就是换到烦），呕吐物带有黄色、绿色、咖啡色，或影响到宝宝的活动力、情绪，就必须带给医生做进一步的检查。

2～3个月前宝宝溢奶的原因除了生理性（所谓胃食道逆流）外，最重要的是要判断是否为幽门（胃和小肠交界）狭窄引起的，因为这是需要手术的疾病。

Q2 宝宝喝完奶后溢奶或吐奶，是否需要再补喂奶？

A 一般不需要补喂奶，可以先观察一段时间，看宝宝是否还饥饿，若在下次喂奶前，宝宝提早哭，再喂就可以了。但要特别注意，宝宝若一直吐奶或溢奶，已影响到体重、活动力、食欲等，则要带去就医。

宝宝的肠绞痛 Q&A

Q1 宝宝很爱哭，是不是肠绞痛？如何区别由肠胃问题引起的哭闹？

A 不是所有宝宝哭的原因都可以归因于肠绞痛，肠绞痛发生的年龄和时间都是特定的，重要的是要判别哭闹的原因需不需要送医（如肠套叠、疝气）。如果安抚会停止哭泣，不会影响睡眠、食欲、活动力，不用立即送医；反之，还是带给医生做判断较好。

肠胃问题引起的哭闹，尚会有其他肠胃的症状，如呕吐、拒食、腹胀、腹泻或发烧等。

Q2 宝宝一直有胀气的情形，是否因为肠胃功能较差？

A 婴儿出现肚子胀气，最常见的原因是大哭，哭的时候除了大部分的空气进入肺部外，另有相当部分的空气经由食道进入胃部，导致“膨风”。

另外常见的原因是由于奶嘴的洞口太大，导致吸奶时有大量的空气被吸入，或因为婴儿肚子太饿导致吸奶时非常急躁，引起大量空气与奶水一起吸入。

新手父母常认为，敲击婴儿上腹部只要砰砰作响，就是有胀气，需要处理，其实并非如此。每个人只要开始呼吸，腹部即不可避免地存在一些空气。成人的腹部表皮下面除了有厚厚的脂肪之外，还有发展成熟的肌肉，然后才是腹膜。

婴幼儿的肚皮不比成人的腹壁，只有薄薄的两层，既没有脂肪层，其肌肉层亦尚未发展，所以婴儿的肚子敲击时的声音必然比成人的肚皮叩诊声大，但这并不意味着婴儿的肚子就是胀气或需要处理。

只要婴儿饮食、活动力、排泄状况良好，腹部柔软，就可视为正常。这种砰砰作响的声音，大约 5～6 岁后就会改善。

宝宝的腹泻 Q&A

Q1 宝宝之前每天大便 1 次，现在却一天 3 次，是否为腹泻？

A 大便次数变多确实要考虑是否为腹泻，但重点还是要考虑大便是否水分变多、有没有黏液或血丝，以及有无其他合并症状，如发烧、呕吐等，以此来判定大便次数变多要不要紧，如果都没有，可以再观察 1～2 天，若情况变严重，应及时带宝宝就医。

Q2 宝宝已经腹泻 1 周了，大便检查正常，到底是什么原因引起的？

A 在门诊儿科医生常会被问到类似问题，其实有时原因不见得一下子就能找到。医生比较在意的是要先了解目前肠胃受损的情形，因为此举与接下来的治疗有关。

* 如果进食之后才拉，不吃就不拉，或大便出现酸味、米汤状：肠胃受损的部位应在小肠，最常见的原因为轮状病毒或腺病毒感染。

  治疗的原则：应将配方奶调稀或选用无乳糖的配方奶，给予稀饭等清淡饮食（4 个月大以前的婴儿可将配方奶调稀或选用无乳糖配方）。

* 若不管吃不吃照拉，大便出现黏液、血丝：肠胃受损的部位应已侵犯大肠，可以得知此病程应该拖得比较长了，而沙门氏菌肠炎是最常见的细菌性肠炎。

  治疗的重点：尽快将病菌排出（此时儿科医生反而希望病童多拉一些），但还是必须注意宝宝有无毒性症状（如高烧不退、腹胀如鼓、活动力降低），原则上还是以清淡饮食为主。

大便检查正常并不代表肠道没有发炎，这是每个家长必须了解的事情。同时，观察小朋友的活动力、有没有脱水的症状也很重要。有些宝宝患肠胃炎后会产生“肠炎愈后腹泻症候群”，大便会糊好一阵子，此时家长要注意宝宝的体重是否能持续增加（可检视成长曲线）。

宝宝的便秘 Q&A

Q1 宝宝便秘时，是不是要将配方奶冲浓一点？

A 宝宝便秘时，先检查是否有肛裂，如果有，可用温水坐浴 10 分钟或泡澡来帮助伤口复原；千万不要将奶粉冲浓以免肾脏受损。

如果宝宝已经满 4 个月，可尝试喂食稀释的果汁或蔬果泥，配合薄荷油以顺时针方向轻轻按摩肚脐周围来促进肠蠕动。

感觉宝宝大便很吃力时，可以用凡士林润滑过的肛温剂刺激肛门（约进入 2 厘米）。如果便秘严重到解血便或有严重腹胀呕吐、影响体重，就应该就医检查有无先天性巨结肠症或肠道神经发育不全等潜在疾病。

Q2 宝宝便便非常硬且呈粗条状，常便很久都出不来怎么办?

A 如果上述的饮食处理都无法改善，就需及时就医，医生会先开软化便便的药物以改善长期便秘的问题。严重便秘的宝宝，还是要检查有无先天性巨结肠症或肠道神经发育不全等潜在疾病。

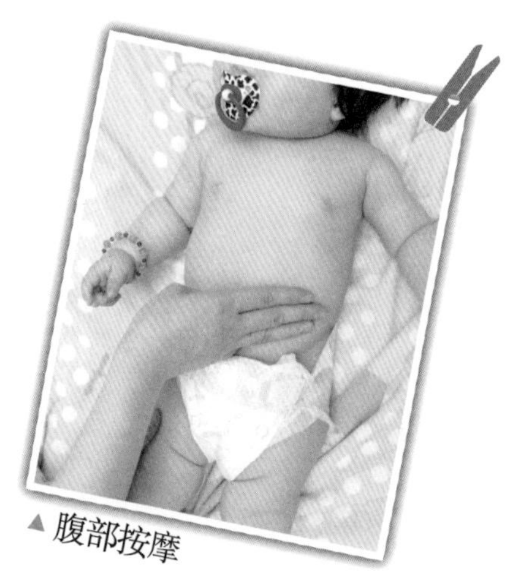

▲腹部按摩

宝宝的肚脐问题

新生儿的脐带消毒

宝宝在脐带未脱落之前，每次洗完澡都要做脐带护理，保持脐带的干燥。先用棉签蘸75% 的酒精，从脐带根部向脐带做环状消毒，不要反复来回擦拭以减少感染。接着再拿另一支棉签蘸 95% 的酒精，擦拭脐带及根部，最后盖上一层纱布，再穿上纸尿裤即可。需要注意的是，纸尿裤不要盖住肚脐。

宝宝的肚脐 Q&A

Q1 宝宝的脐带若迟迟未掉怎么处理?

A 一般宝宝的脐带在 10 ～ 14 天大时脱落，但是有些婴儿会延至 3 周大时才脱落。若是超过 4 周仍未脱落，则须带给儿科医生诊断看有无白细胞附着缺陷的疾病。另外常见的是，脐带脱落后有持续分泌物出现，除了持续脐带护理外，须检查脐带根部有无息肉（肉芽肿）或是瘘管存在。若有息肉，可用硝酸银烧灼，而瘘管只能靠外科手术治疗了。

Q2 宝宝的肚脐怎么愈来愈突出，是剪脐带时没剪好吗?

A 肚脐出生时正常，但越接近满月，在宝宝哭声愈来愈洪亮或用力时，肚脐越来越向外膨出，这就是脐疝气。这是因为宝宝肚脐附近的腹部韧带还没有愈合，使得肠管或网膜突出于脐带内，这是先天性的，与剪脐带无关。

父母用手指可以摸出腹壁缺损的大小，若缺损直径小于0.5厘米，则可能会于宝宝2岁以前自行愈合；若介于0.5～1.5厘米，则大多可于4岁以前自行愈合。

如果在2岁时，缺损还超过1.5厘米或发生箝闭性疝气的症状（如腹痛、呕吐、肚脐皮肤颜色改变）时，则考虑手术进行修补。民间习俗用钱币压住脐疝气是没有治疗效果的。

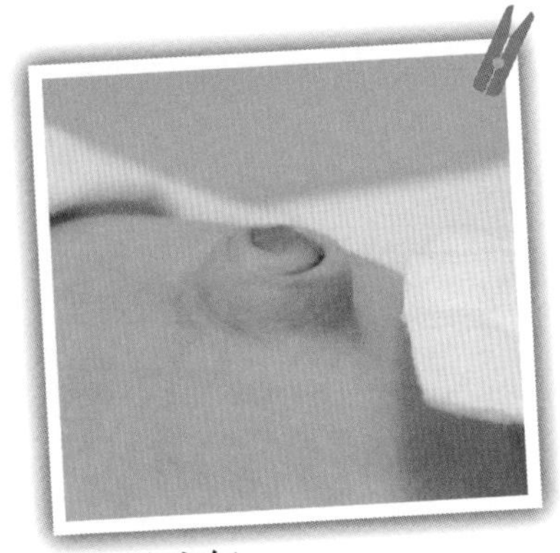

▲脐疝气

Q3 宝宝的肚脐本来已经干了，后来又变湿了，是不是发炎了？

A 如果脐带脱落后有持续分泌物出现，除了持续脐带护理外，须检查脐带根部有无息肉或是瘘管存在。若有息肉，可用硝酸银烧灼，而瘘管只能靠外科手术治疗。如果肚脐发炎，除了肚脐变湿外，最重要的是可看到肚脐变红变肿。

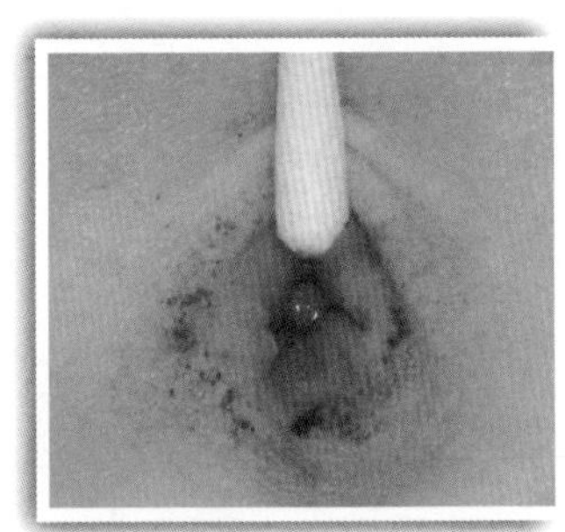

▲肚脐息肉

爸妈的第9个为什么？

宝宝生病了，该怎么照顾？

宝宝生病了，爸妈总是很紧张，尤其是半夜发烧，更是让爸妈焦急。其实生病也是让宝宝的身体产生抗体的好时机呢！

呼吸道的问题

婴儿的呼吸频率

新生儿的呼吸时快时慢，呈周期性的腹式呼吸，醒着时会较快，睡着时较慢，每分钟约30～60次。婴儿出生后的几个月，在睡眠当中可能会发生数次的呼吸暂停（5～10秒），接着快速呼吸（10～15秒），然后自动恢复正常呼吸速率的情况。

这种周期性呼吸属于正常的呼吸模式，极少会造成宝宝心率、皮肤颜色、肌肉张力的改变，但如果出现呼吸暂停超过15秒以上，或者不到15秒，即有心跳缓慢、发绀、肌肉张力减低等现象发生，就应该寻求医生的帮助。

爸妈最紧张的宝宝发烧

当人体中心体温超过38℃时称为发烧，而耳温与肛温是最接近人体中心的温度。3个月以下的婴儿建议量肛温或背温。

3个月以下的婴儿，因为免疫系统尚未成熟，万一受到感染，典型的临床症状往往不明显，反而多是一些非特异的症状表现（如发烧），而且病程变化很快（有时以小时计），所以**3个月以下的婴儿发烧时，即使在半夜，也一定要先带给儿科医生诊治。**

有时宝宝体温高，先排除外在环境的因素，如运动、长时间阳光照射、穿太多等，可以先减少覆盖衣物、休息30分钟之后再量，如果温度下降不再上升，则是环境所造成；反之，则有可能是生病了。

对于发烧的宝宝，开始发烧时要注意保暖，体温升高时则要开始散热，给他穿薄一点且吸汗的衣服，老一辈人持有“要让宝宝出汗才能退烧”的观念是错的，这种做法反而会消耗宝宝的体力，让他更难对付病菌。

除了按照医生的指示使用适当的退烧药外，对于发炎性疾病引起的发烧，则不应使用冰枕和散热贴片。

幼童容易得中耳炎

中耳炎指的是中耳腔发炎。中耳腔的前壁有耳咽管，一端开口于中耳腔，另一端则开口于鼻咽部。

婴幼儿耳咽管的开口附近有较多的淋巴组织，当上呼吸道发炎时淋巴组织肿胀就会阻塞开口，造成中耳腔的分泌物无法排出，再加上宝宝的耳咽管较成人短、直，走向较水平且属于开放性，使得咽喉的细菌容易逆行至中耳腔造成发炎，这些不利的环境使得 6 岁以下的幼童往往在患上呼吸道感染后容易并发中耳炎。

宝宝 6 个月大以前，因为受来自母亲的抗体保护，宝宝较少生病，也就较少发生中耳炎。研究显示，母乳喂养可以降低婴儿发生中耳炎的概率，而吃配方奶则会增加发生中耳炎的机会。

宝宝的呼吸道健康 Q&A

Q1 每次看宝宝呼吸都觉得他好喘，会不会是气喘?

A 新生儿的呼吸频率与成人不同，每分钟约为 30 ～ 36 次，且婴儿的鼻腔、喉咙和气管软骨尚未发育成熟，睡觉或喝奶时会有鼻塞的声音，让父母认为宝宝很喘，但如果宝宝活动力、食欲正常，这些都是属于正常的生理变化，并非气喘。

Q2 宝宝偶尔会打喷嚏，是感冒了吗？

A 宝宝出生之后会有许多原始反射动作，而这些反射动作会在之后的几个月内逐渐消失，喷嚏反射就是其中之一。

前几个月大宝宝的鼻子受到任何刺激就会自动打喷嚏，甚至连开个灯也会，并不是因为他们生病或感冒。

Q3 宝宝感冒到底要不要看医生？

A 大人感冒后常常自行到药店买药吃或撑个 1 周就自愈了，所以许多父母认为宝宝感冒也应该不用看医生，只要让宝宝多喝水、多休息就好了。

其实，若宝宝真的是感冒还好，若不是呢？儿科疾病与大人不一样，种类特殊且病情变化快速，父母认为的咳嗽可能已经是肺炎、气喘，而发烧可能是泌尿道感染、川崎病等，所以，发觉宝宝感冒时，要及时就医，请医生判断病因。

Q4 宝宝吃益生菌能预防感冒及过敏吗？

A 虽然近十年来，益生菌的研究、讨论及应用已沸沸扬扬，各种广告也不断吹嘘益生菌的功用，但目前并没有大型临床研究证明吃益生菌可以预防感冒和过敏。

Q5 宝宝一咳嗽就吐奶怎么办?

A 咳嗽时需要使用腹部的力量，若宝宝刚喝完奶，一咳嗽，腹部一用力，胃受挤压就容易将奶吐出来。如果咳嗽的原因是因为气管有痰，所以在喂奶前 1 小时拍痰，让宝宝的痰少一点或先咳出来，喂奶时就不容易发生咳嗽的问题，也就不会吐奶了。

Q6 新生儿一直要人竖抱着睡，且不肯喝奶，是不是生病了?

A 新生儿（1 个月大以前）是否需要就医，可从：

*体温（是否发烧）
*活动力（是否软趴趴、没有肌肉张力，尤其是醒着的时候）
*食欲（吸吮的力气强不强）
*尿量（一天有没有超过 6 片尿不湿）

宝宝的发烧 / 鼻塞（涕）/ 咳嗽 Q&A

Q1 宝宝若发烧太久会不会把脑袋烧坏?

A 许多人受到小时候看电视的影响，认为小孩高烧不退几天后就不会走路或出现智力发育落后的问题，其实这种观念是不对的。事实上，除非是患有脑炎、脑膜炎等直接影响脑部的疾病，41℃ 以下的发烧并不会对病人脑部直接造成伤害。而脑炎、脑膜炎的症状除了发烧之外，尚有痉挛、嗜睡等，也就是说发烧是结果，究其原因是脑部受到了严重的感染。

Q2 发烧时为什么会手脚冰冷、畏寒？

A 人的脑部有一个体温调节中枢，负责给人体设定一个体温定位点，没生病时体温都设定在37℃左右。当身体出现感染反应时，体温定位点就会上升，脑部所认定的正常温度这时会超过38℃，所以当体温并未达到设定的目标时患者就会觉得冷（畏寒），而且会不由自主地出现肌肉颤抖以产生热量，并且收缩四肢血管以减少热量损失，所以人发烧时会出现手脚冰冷的现象。

宝宝在寒战发抖时，父母可以给宝宝加衣物保暖，但十几分钟后，当体温真正高起来时，反而要减少衣物，增加散热。

Q3 发烧时要赶紧吃退烧药退烧吗？

A 很多研究显示，适度发烧可以提升免疫系统的效能，算是一种保护性的本能反应，目的在于加强我们对疾病的抵抗力，所以如果体温并未太高（即未超过39℃），也没有引起特别不舒服的时候，并不需要积极地退烧。

许多退烧药主要是用来减缓宝宝的不舒服症状，不一定能完全退烧（因为引起发烧的原因还在），所以当宝宝烧到40℃时，虽然用了退烧药，但体温降到39℃就降不下去了，此时若宝宝已比较舒服，就无须急着再降温。

有以下几种情形，专家建议超过38℃就可以考虑服用退烧药：

* 过去曾经有热痉挛或癫痫的患者。

* 慢性贫血。
* 并发心脏衰竭的心脏病或发绀性心脏病。
* 糖尿病或其他代谢异常。
* 慢性肺病、成人型呼吸窘迫症候群。
* 其他因为发烧而出现的不适症状。

Q4 宝宝服用了退烧药后没多久又烧起来了，是退烧药没有效果吗？

A 退烧药的药效只能持续几个小时，事实上，只要发烧的原因还在，病程还未结束，退烧以后又烧起来是很常见的事情。

常见的呼吸道和胃肠道病毒感染大多没有特效药，大部分都会断断续续烧 2～3 天，有些病毒性化脓性扁桃体炎甚至会烧 5～7 天。

观察退烧之后的活动力、食欲、睡眠状态比斤斤计较宝宝烧到几度重要多了。如果持续高烧不退或退烧后活动力欠佳，就要就医寻找有无其他特殊原因或并发症。

Q5 宝宝无缘无故地发烧，没有其他症状，这是怎么回事？

A 对于发烧的宝宝，找出原因比单纯退烧更重要。有时在感冒的第一天，咳嗽、流鼻涕的症状不明显，此时可能仅有发烧，带给医生检查也只是喉咙发炎，但若 2～3 天后，发烧仍然持续又没有明显的其他症状，就要考虑其他的原因了。

对于 1 岁以下发烧但没有其他上呼吸道症状（咳嗽、流鼻涕）的宝宝，儿科医生会让验尿以排除泌尿道感染的可能，如果检查结果正常，发烧的原因以玫瑰疹（也称幼儿急疹）的可能性最大。

玫瑰疹是一种病毒感染。超过 95% 以上的玫瑰疹发生在 3 岁以下的婴幼儿，以 6 ～ 15 个月大的婴幼儿最常见。传染途径可能是来自健康大人带有病毒的唾液进入婴幼儿的口腔、鼻腔及结膜黏膜（即飞沫传染）。潜伏期约 5 ～ 15 天。得玫瑰疹的病童极少会再传染给下一位孩童，一般为终身免疫。

玫瑰疹初期的症状包括：极轻微的流鼻涕和眼结膜发红，轻微的颈部、耳后和枕部的淋巴结肿大，有些孩童的眼睛周围可能水肿。接着突发性高烧（37.9 ～ 40℃，平均为 39℃），虽然有些病童会显得焦躁不安和食欲不振，但大多数病童活动力还是正常。约有 5% ～ 10% 的孩童在发烧时会发生痉挛。高烧会持续 3 ～ 5 天，当高烧退时同时开始出疹，偶尔有体温在出疹后一天才恢复正常，或体温正常一天后才出疹。

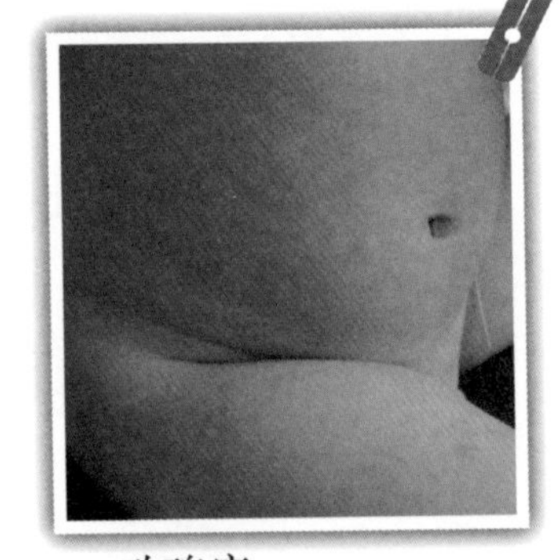

▲玫瑰疹

发疹期持续 1 ～ 3 天，首先在躯干出现一颗颗小小的玫瑰样粉红色丘疹（0.2 ～ 0.5 厘米），接着蔓延至颈部、脸及四肢，有些丘疹会融合成较大的红斑。玫瑰疹并不会发痒，当疹子消退时，无色素沉着或脱皮现象。

玫瑰疹多属于良性病程，无须特别治疗，但须注意给宝宝补充水分。对于因为发烧引起不适的病童，可以给予适当的退烧药。

Q6 宝宝发烧了，而且手脚抖动，是不是抽筋了？

A 手脚抖动不见得是抽筋，最好的分辨方法就是看宝宝的意识状态，如果意识清楚、眼睛没有上翻、牙关没有紧闭、会哭闹发出声音、四肢没有僵硬，很可能只是发烧伴随着寒战。相反的，即有可能是热痉挛。

热痉挛是指患者体温突然升高到 38℃ 以上而并发的痉挛，但不包括中枢神经的感染或代谢的异常。热痉挛好发于 6 个月到 5 岁的婴幼儿，常与急性中耳炎、玫瑰疹等有关。热痉挛的家族遗传倾向很大。

热痉挛分为单纯性热痉挛和复杂性热痉挛。前者是指发作时主要以全身对称性发作，而且发作时间最多持续 15 分钟，24 小时之内只发作一次。反之，则属于复杂性热痉挛。约有 2% ～ 5% 的健康婴幼儿曾经经历过一次以上的单纯性热痉挛。

当痉挛发作时，**最佳的处理方式是先让病童侧躺，让其口水能顺利流出来**，此举可避免呼吸道阻塞。病童正在抽搐时，嘴巴与牙齿通常会咬得很紧，这时不要尝试用任何方法将紧闭的牙关撬开。需要做的是在旁静待小孩抽搐停止，**如果是第一次发作，之后应该送医，以排除其他疾病的可能性。**

Q7 婴儿鼻塞时该怎么处理?

A 婴儿因为鼻道狭窄，鼻腔、喉软骨和气管尚未发育成熟而容易塌陷，鼻咽部淋巴组织较肥大，再加上鼻腔黏膜特别敏感，以至于当气温变化或在接触到空气中的灰尘时，就会产生很多的分泌物，引起鼻塞。

睡眠中或喝奶时常会发出呼噜呼噜的鼻塞声，这在3个月以下的婴儿身上是常见且正常的。

* **轻微**：如果不影响吃奶及睡眠，就无须特别处理，有时改变睡姿，头部保持较高的姿势，声音就可能会减少。一般宝宝 4 ～ 5 个月大时，情况就会改善。
* **严重**：对于严重鼻塞的婴儿，我们可以拿手电筒检查宝宝的鼻腔是否有鼻屎，如果有，可滴几滴生理盐水或温水于鼻腔内软化鼻屎，再用棉棒或橡皮吸球将鼻屎移除。

如果宝宝不配合，可以在浴室里放热水，利用弥漫的水蒸气，或是利用妈妈美容用的蒸脸器喷出来的水蒸气，让宝宝吸 3～5 分钟，再清除鼻涕。

Q8 宝宝感冒时鼻涕很多，需不需要用吸鼻器把鼻涕吸出来？

A 感冒时需不需要吸鼻涕在医学上尚有争议，因为单纯的吸鼻涕并不会缩短感冒的病程，只是大家普遍认同把鼻涕吸出来或擤出来，宝宝会比较舒服一些，食欲和睡眠会有所改善。个人的临床经验认为**不擤鼻涕的宝宝得鼻窦炎或中耳炎的可能性较高**，所以有条件的话，将鼻涕吸出来是有好处的。

Q9 感冒有痰音或黄鼻涕就一定要吃抗生素吗？

A 当感冒病毒侵犯到气管、支气管或肺部时，会刺激呼吸道黏膜产生分泌物，也就是痰。

若病毒侵犯鼻腔黏膜，鼻黏膜初期会有稀稀的分泌物，也就是鼻涕。3～5 天后，鼻涕会变得浓稠，偶尔会呈现黄色，若用力擤鼻涕造成黏膜进一步受损，或将鼻腔内的鼻涕倒吸到鼻窦内，就有可能造成继发性细菌感染，鼻涕变得更加黏稠甚至黄绿色，形成急性鼻窦炎。

由此可知，咳嗽有痰或出现黄鼻涕不见得就是细菌感染，所以不一定要吃抗生素。抗生素是用来杀细菌的，对于病毒感染没有任何效果，单纯的感冒如果没有合并并发症如急性中耳炎、急性鼻窦炎、细菌性肺炎，医生也是不会开抗生素的。如果发现宝宝服用的药物当中含有抗生素，可以询问医生开药的原因。

Q10 宝宝咳嗽太久会不会变成肺炎?

A 咳嗽是一种正常的人体呼吸道反射性保护机制，当异物、呼吸道分泌物（痰）或刺激性气体刺激呼吸道黏膜时，就会产生咳嗽。

呼吸道分泌物越多，咳嗽就会越厉害，而呼吸道的分泌物来自呼吸道感染后的产物，若感染越来越严重，连肺部的肺泡都感染了，就称为肺炎。

所以不是咳嗽造成肺炎，而是肺炎伴有咳嗽的症状。所以若宝宝感冒有积痰的现象时应协助将痰排出。

Q11 宝宝因为咳嗽去看医生，医生诊断为急性气管炎，回家后看药单，为什么只有化痰药、支气管扩张剂，而没有止咳药?

A 气管炎引起咳嗽的原因是因为痰的刺激，所以只要痰在，咳嗽就不会停止，而大人止咳药的药理作用是抑制咳嗽的反射动作，让咳嗽反应变慢。

婴幼儿咳痰能力差，若用大人的止咳药抑制咳嗽，痰反而更不容易排出，会越积越多造成危险。所以儿科医生对于此类宝宝的处理通常是使用化痰药，将痰稀释，使用气管扩张剂再配合拍痰让痰容易咳出。

Q12 宝宝感冒一周了，半夜经常出现“咻咻”的声音，是气喘吗?

A 这个时期出现咳嗽合并“咻咻”喘鸣的声音，虽然是气喘的症状，但不见得真的是气喘，最常见的原因是得了急性细支气管炎。据统计，60%发生婴儿喘鸣的儿童，到了学龄前症状都会消失。

细支气管炎是一种常见的下呼吸道疾病，由于小气道受到感染后造成发炎、黏膜水肿、分泌物增加而阻塞。患者大多是2岁以内的幼儿，冬天及初春是流行季节。

细支气管炎主要经由飞沫传染，多半是由患感冒的家人传染给小孩，但也有可能是病童间接接触到带有病原的眼、鼻、口分泌物而受到感染。

细支气管炎最初的症状有点像感冒（流鼻涕、发烧、打喷嚏），2～3天后，痰音变多，咳嗽加剧，呼吸浅快、急促，食欲变差，睡不安稳。

严重时病童会出现“咻咻”的喘鸣声，有胸骨下或肋骨下凹陷、鼻翼翕动及发绀，若不及时处理甚至会导致呼吸衰竭。呼吸道的症状约需1～2周才会完全恢复。约有一半的病童会合并轻微的腹泻（大便较稀，但次数一天少于5次）。

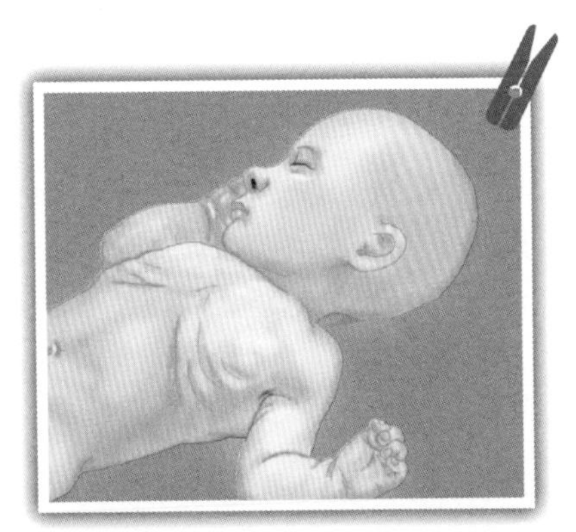

▲肋骨下凹陷（肋骨间及肋骨下方与腹部交接处的皮肤随着呼吸出现凹陷起伏现象，一根根肋骨突起看得很明显）

▲鼻翼翕动（吸气时鼻孔张大，呼气时鼻孔回缩）

Q13 宝宝得了急性细支气管炎，该怎么照顾？

A 目前对于细支气管炎的治疗并无特效药，医生开药也是以治疗症状为主（但非止咳药）。由于咳嗽及喘鸣的主因是小气道的痰多而造成阻塞，所以为病童拍痰显得格外重要。

大多数病童会食欲不佳及呼吸浅快，因此应尽量采取清淡、温和的饮食，同时须注意水分的补充。吃药无明显改善的病童需要住院治疗，让病童吸氧能缓解呼吸窘迫的现象。

若病童出现高烧不退、呼吸费力及急促、嘴唇及指甲床发紫、无法入睡、活动力降低或缺氧发绀的情形，应立即回院就诊。

医生会根据病童的症状给予适当的药物（如支气管扩张剂、祛痰药等）。除此之外，因为幼童的咳痰能力差，胸腔物理治疗（拍痰）可以让病童有效地排出胸部的痰液，改善呼吸状况从而避免其他并发症（如肺炎）。

Q14 什么时候该给宝宝拍痰，怎么拍？

A 拍痰的目的在于利用手的叩击产生空气震动，使得附着在支气管壁的痰液能因震动及姿势引流而离开气管管壁。

1. 让病童趴在大人的大腿上或床上，给肚子下面垫一个枕头，使得病童上半身向下倾斜（头低屁股高）。如果婴儿哭得很厉害，为了宝宝好，父母还是需坚持。边哭边拍是可以接受的，但须注意宝宝的唇色，如有发绀应立即停止。

▲拍痰

❷ 大人手弯成杯状，在病童背部脊椎两侧、肺部的位置由下而上、由旁往中间的方向叩击，每侧叩击 5 分钟，一天最少 4 次（若不太熟悉技巧可使用拍痰器）。

❸ 拍痰的时间应避免在进食前后 1 小时内，以免影响食欲或造成呕吐。

拍痰后，离开气管管壁的痰液不见得会从嘴巴咳出来，有些痰会从鼻腔流出或直接被吞进胃肠道里。

Q15 宝宝一直打喷嚏，是不是感冒了？

A 打喷嚏的原因不外乎过敏或感冒。过敏引起的打喷嚏与特定的季节、早晚气温的变化有关，通常太阳出来、身体暖和了就会停止，而感冒引起的打喷嚏则是整天都有症状。不过对 1 岁以内的宝宝而言，过敏的机会较少，还是以感冒造成的打喷嚏较为常见。

Q16 觉得宝宝有痰，吃药一段时间仍未见改善，该怎么办？

A 我们平常呼吸所带进来的空气杂质合并气管内正常的分泌物，经由气管内的纤毛细胞推往外面就成为一般所谓的痰。因为婴儿尚不会有吐痰的动作，这些痰及一些唾液便留在会厌处（食道与气管交接处），常常让父母产生宝宝喉部有痰的感觉。加上新生儿的会厌区正位于舌根处，位置较大人的高，因此喝完奶后残渣容易留在该处，导致这种喉咙有痰的情况在喝奶之后特别明显。

如果婴儿外表看起来没有问题，就只是喉咙有痰而没有其他咳嗽、流鼻涕的症状，就听其自然吧！因为这不是感冒所引起的，吃药打针当然都没有效果。若合并发烧或咳嗽，才需要带给医生看。

Q17 宝宝吃蛋会过敏，可以打流感疫苗吗？

A 鸡蛋过敏大部分开始于宝宝 6 个月大以后，发生率约为 0.5% ～ 2.5%。对鸡蛋过敏的儿童，18 岁以前有 80% ～ 95% 都会产生耐受性。鸡蛋过敏的反应大多发生于接触后 30 分钟内，最常见的症状是皮肤出疹与瘙痒。

随着技术的进步，流感疫苗所含的鸡蛋蛋白越来越少，引起过敏性休克的概率也很低。流感疫苗的绝对接种禁忌是对鸡蛋蛋白有严重、全身性或致命性过敏的宝宝。

所以若吃了鸡蛋会轻微过敏的宝宝，可以采取两阶段式打法，先打 1/10 的量，30 分钟后再打 9/10；也可以先做皮肤测试。打完疫苗需观察 1 小时才可以离去。

宝宝中耳炎 Q&A

Q1 宝宝得了中耳炎，是不是因为洗澡水进入耳朵了？

A 耳从构造上可分为外耳、中耳和内耳。外耳与中耳的界线为耳膜（鼓膜）。洗澡水只能进入外耳道，不会进入中耳腔，因为被耳膜挡住了。宝宝得中耳炎多为感冒的并发症，并非是洗澡水跑进去了。

Q2 宝宝一直抓耳朵，是不是得了中耳炎?

A 急性中耳炎的常见症状为耳痛、发烧和全身倦怠。较大病童可能会抱怨耳痛、耳涨、耳鸣等不适感。尚无语言表达能力的幼童，可能仅以尖叫、烦躁不安和不明原因发烧的表现为主。其他非特异的症状包括呕吐、腹泻等。

在诊断上，医生会以耳镜来检查耳膜是否有充血红肿或是积脓的现象。如果宝宝没有明显的不适，绝大部分婴儿抓耳朵的原因是局部皮肤发炎的关系。

Q3 宝宝得了中耳炎，是不是只要退烧了就不用吃药了?

A 由于急性中耳炎的致病源绝大多数是细菌，所以医生会使用抗生素（可与益生菌并服）来对抗细菌的感染，标准的疗程为10～14天。若治疗3天后，主要症状（耳痛、发烧）仍存在，则须考虑提高剂量或换药治疗，反之，说明治疗是有效的，发烧一般在给药后48小时后就会停止，但退烧不代表中耳炎就好了，病童仍需要继续服用药物，完成一个疗程。

Q4 中耳炎经过治疗后仍然有积水，怎么办?

A 中耳积水指的是中耳腔有积水但无急性感染的临床症状（发烧、耳痛），通常发生于急性中耳炎之后。

急性中耳炎之后约有40%的宝宝在1个月时仍有中耳积水，20%在2个月仍有积液，10%会持续到3个月。

发生中耳积水，一般会观察追踪至3个月，如果3个月后中耳积液仍然没有消退，则应考虑放置中耳通气管。

但如果有明显的听力受损，或经医生判定短时间内中耳积液不易消退，且会影响幼童语言发展，可以提前施行中耳通气管置入手术。

虽然中耳炎是幼童常见的感冒并发症，但若能让婴幼童多喝母乳，避免二手烟的危害，擤鼻涕时勿捏紧鼻孔，勿平躺喝牛奶，减少感冒的次数（如避免与感冒的病童在一起玩耍），则会降低罹患中耳炎的机会。

▲喝母乳可减少罹患中耳炎的机会

宝宝的疫苗问题

在婴幼儿阶段，传染病是最常见的疾病。与其烦恼不知给宝宝吃什么补品来增加抵抗力，还不如给宝宝接种疫苗，这才是最经济且有效的预防措施。

疫苗分为两种:

* 不活化疫苗（A/B 型肝炎、五合一、流感、肺炎）。
* 活性减毒疫苗（结核、麻疹、德国麻疹、腮腺炎、水痘、轮状病毒、日本脑炎）。

下列情形非接种疫苗的禁忌，有下面的状况时仍可以接种，包括:

1. 症状轻微，如低度发烧或轻微腹泻。
2. 使用抗生素或在疾病的恢复期。
3. 孩童本身有气喘、异位性皮肤炎或过敏性鼻炎。
4. 营养不良。

宝宝的疫苗 Q&A

Q1 宝宝可以同时接种多种疫苗吗?

A 每种疫苗可不可以同时接种，会不会互相影响效果或造成宝宝不适，在疫苗上市之前都已做过研究，所以父母不用担心。至于哪些疫苗可以同时接种或延后1个月，可以用下列通用的原则来概括这些情形，这包括以下各点：

1. 不同的非活化疫苗：可同时（分开不同部位接种）或间隔任何时间接种。
2. 不同的活性减毒疫苗：可同时（分开不同部位接种），如不同时接种，最少要间隔1个月。如为口服活性减毒疫苗则可与其他活性减毒注射式疫苗同时或间隔任何时间接种。
3. 非活化疫苗与活性减毒疫苗：可同时或间隔任何时间接种，但黄热病与霍乱疫苗应间隔3周以上。

Q2 接种疫苗有什么注意事项?

A 疫苗要依建议年龄完成接种才能达到最佳的免疫效果，在每一个疾病高峰期来临前，提供适当的保护力。有些疫苗有年龄的限制如轮状病毒疫苗（两剂型的必须在2个月大内接种完成，三剂型的必须在8个月大内接种完成）、肺炎链球菌疫苗（2个月大到6岁以下的婴幼儿），若要接种，必须及时。

所有疫苗都有副作用，主要是局部的反应（红、肿、痛）和发烧，但这些副作用的严重度绝对不比疾病本身造成的高；况且这些疫苗都已经经过国家严格审查。千万不要因听信谣言或未经查证的媒体报道，而拒绝给宝宝接种疫苗！

打完疫苗之后，父母最担心宝宝会发烧的问题，疫苗引起的发烧在1～2天内就会缓解，在此期间，如果宝宝因发烧而不舒服，可使用医生准备的退烧药。

至于发烧的时间点，麻疹及水痘大约在打完5～12天内，五联疫苗则是在2天内。**发烧的时间若拖太久，或不在预计的时间内发烧，就要怀疑有其他的病因。**

Q3 接种疫苗会不会让宝宝变得没有抵抗力？

A 疫苗是将对人体无害的病原体注入体内，即死菌或减毒的活菌，让人体在低风险的情况下面对类似自然感染的情形，让机体的免疫系统先产生记忆和抗体，这样当面对真正的病菌入侵时，便能快速地产生反应，有效地消灭病菌，保护人体。

所以，接种疫苗不是直接给予抗体，而是让宝宝自己产生抵抗力，并非抑制宝宝的抵抗力。

Q4 疫苗有很多是自费的，该如何选择？

A 政府在推动免费疫苗接种时不外乎考虑：此疾病在国内的盛行率及感染后的风险、疫苗的有效性和安全性、疫苗的副作用。当然，政府的预算有限，所以仍有许多疫苗需要自费，但并不表示宝宝不需要接种。

基本上，接种疫苗就像买保险、骑车戴安全帽、开车系安全带一般，期望真正遇到疾病时能将伤害降到最低。在经济条件允许的情况下，要尽可能地接种自费疫苗；若经济不宽裕，可以参考本地区的疾病发病率进行选择。

Q5 接种了流感疫苗，还会得感冒，是不是疫苗无效？

A 流感疫苗是一种不活化的疫苗，由于病毒时常变异，故世界卫生组织会根据全球监测的资料，每年推测当年可能流行的病毒株并用以制造疫苗。疫苗的保护效果需视当年使用的病毒株与实际流行的病毒株型别是否相符而定。所以已接种流感疫苗，并不代表一定不会得流感，而是可以降低得流感的概率。

并且接种流感疫苗是预防流感，而非一般的感冒，流感与感冒不同，但许多人常分不清楚。

其实每种疫苗的防护都没有办法达到 100%，以 B 型肝炎为例，防护效果介于 80% ～ 90%，而水痘疫苗则为 95%，但对整体的免疫力而言，接种疫苗确实有其效果。

Q6 接种流感疫苗安全吗？去哪里接种比较好？

A 流感疫苗是一种相当安全且有效的疫苗，接种后 6 ～ 12 小时内少数人可能会有注射部位疼痛、红肿及倦怠的轻微反应，48 小时内约有 1% ～ 2% 的人可能会有发烧反应，但这些不舒服的症状一般会在接种后 1 ～ 2 天恢复。

在哪里接种疫苗其实都差不多，只要是有儿科专科医生看诊的地方就可以。

Q7 小朋友在感冒期间能不能接种疫苗？

A 若在感冒的初期（急性期），由于可能有发烧等后续症状，容易与接种疫苗后产生的发烧混淆，所以此时不建议接种疫苗。但若在感冒的后期，宝宝只有轻微的症状，经医生检查后没有问题是可以接种疫苗的，并没有说要隔多久才可以接种。

宝宝的喂药问题

药物是治疗疾病的一部分，有些药物是用来缓解症状的，有些药物（抗生素）是用来杀菌的，缓解症状的药物只要等宝宝的症状改善，即可不吃，如果没有缓解，也不能自行增加剂量、次数，而抗生素的使用则有一定的疗程，所以在医生开药时，父母要问清楚。

如果医生开的是液体药，**喂药前最好使用针筒或滴管抽取药物**，而非用量杯。因为用量杯给药，正确率只有 30% ～ 50%，而用滴管或针筒给药的正确率为 85%。

喂药时可以使用喂药器、针筒、小汤匙、圆形底部的小茶杯等。

宝宝的喂药 Q&A

Q1 孩子不喜欢吃药，可不可以将药加到牛奶或果汁里？

A 药品不能加到牛奶里，因牛奶、果汁含有丰富的矿物质，有可能会与药物产生交互作用而影响药效；牛奶温度也可能会使药物变质，味道不对，万一小宝宝把掺有药物的牛奶吐出来，或没有喝完，我们便不知道宝宝到底吃了多少药，要补多少剂量。

喂宝宝吃药对父母真是一大考验，每个宝宝气质、个性不同，对于婴儿而言，父母也很难道德劝说，药只要不合宝宝胃口，下次就很难再喂进去，所以最好的喂药方式是“快、狠、准”：

1. 不要在刚吃完奶后喂药。
2. 药越少越好。

③ 分越少次喂越好。

④ 药停留在口腔的时间越短越好，喂药后，赶快喂温开水冲淡味道。

吃药时最好搭配着温开水，如果药很难入口，可以混着香蕉、冰激凌、布丁（以上食物限 6 个月以上吃过辅食的宝宝）给予，不过领药时最好还是向医生确认是否可以这样喂药。

Q2 液体药开封后还可以使用多久？

A 通常药瓶外面会标示有效日期，药物开封后，建议不要超过 1～2 周，因为药物开封后即与空气接触，不适合放太久，而眼药水开封后，最多使用 1 个月。

许多父母会将开封后的感冒药放在冰箱以延长它的保存期限，这是不对的。**感冒药不管开不开封都不应该放在冰箱，因为温度过低会使药物溶解度改变而引起药物结晶，导致药物变质。**

至于有些抗生素药粉，泡水后应该放在冰箱内保存，领药前要先向医生确认。

Q3 不同的药可以混在一起吃吗？

A 最好还是分开喂，有些药分开吃还好，加在一起吃味道反而变得奇怪。而且宝宝如果不肯吃，等于都没吃到，万一吐出来，也不知道该补多少。

Q4 宝宝吃药之后吐了，要补喂吗？

A 若于服用药物后 30 分钟内大量呕吐，则需要再给予一次剂量；若呕吐发生在 30 分钟至 1 小时内，可再补充半次剂量；如果是在服用药物 2 小时之后才发生呕吐，因大部分药物已进入小肠，所以不需要再补充药物。

Q5 宝宝吃了药后，仍在咳嗽、发烧，是不是吃的药无效？

A 宝宝所服用的处方药，一般都是用于治疗症状，缓解宝宝的不舒服，帮助宝宝自然痊愈，所以当然不可能像变魔术一样，马上药到病除。况且，有些药物的作用也要一两天后才会明显，所以若宝宝活动力、食欲尚好，父母可以在家观察 2～3 天，若无明显改善或情况恶化，再带宝宝去看医生。

Q6 宝宝发烧持续 3 天以上，服用退烧药就退烧，药效退了又立即发烧，是否需就医？

A 需不需要立即就医，重点是观察宝宝退烧之后的食欲、活动力和睡眠状态有没有很差。一般上呼吸道或胃肠道病毒感染所引起的发烧大多不会超过 3 天，所以如果发烧超过 3 天，应该立即就医寻找有无其他特殊病因。

Q7 不同的退烧药是否可以合并服用？

A 不建议一次同时给予两种以上退烧药，但顾及少数发烧严重者，使用一种退烧药的效果可能有限，可考虑于特殊情况下轮流使用两种退烧药，但必须依医生指示。